思想与人生

王保瑞 著

汕頭大學出版社

图书在版编目（CIP）数据

思想与人生/王保瑞著.--汕头：汕头大学出版
社, 2018.4
　　ISBN 978-7-5658-3600-8

　　Ⅰ.①思… Ⅱ.①王… Ⅲ.①思想－关系－人生－研
究Ⅳ.①B017

中国版本图书馆 CIP 数据核字(2018)第 092029 号

思想与人生
SIXIANG YU RENSHENG

著　　者：王保瑞
责任编辑：汪小珍
责任技编：黄东生
封面设计：瑞天书刊
出版发行：汕头大学出版社
　　　　　广东省汕头市大学路 243 号汕头大学校园内　　邮政编码：515063
电　　话：0754-82904613
印　　刷：廊坊市国彩印刷有限公司
开　　本：710 mm×1000 mm　1/16
印　　张：6.5
字　　数：100 千字
版　　次：2018 年 4 月第 1 版
印　　次：2019 年 3 月第 1 次印刷
定　　价：33.00 元
ISBN 978-7-5658-3600-8

前　言

　　人的一生，总要历经许多冬去春来。每当我回忆自己的从前，一幕幕往事涌上心头：少年的狂想、生活的苦与乐、悲欢离合、福兮祸兮……岁月在不知不觉间悄悄地消逝，了无踪迹，只脑海留有一丝记忆。

　　生活是否多彩，取决于我们如何对待与追求。人的一生不可能总是一帆风顺的，总会遇到挫折，但无论怎样我们都要始终对生活充满热爱。在漫长的人生旅途当中，无论是刚上学的幼童，还是闲着的老人，只有希望会慷慨地相伴始终。希望的敌人是失望和绝望。一个人不管有多大的本事，一旦在心中泯灭了希望，就将一事无成。相反，一个人不管遭遇多少失望，甚至绝望，只要心中仍然燃烧着希望之火，就会创造出惊人的奇迹。

　　然而，希望的道路上总是布满着荆棘，充满险恶和坎坷；希望的田野，也会遭遇灾难，也会收割苦涩，有时还会颗粒无收。因此，要让希望永驻，收获希望之果，就要让自己的信心永驻，就要付出汗水，经受住挫折，生命不息，奋斗不止。

　　怎样处世？怎样交友？学问大矣！处世必须学会放弃，做到宠辱不惊、成败不乱、胸怀坦荡、与人为善、豁达洒脱，这样才能够活得从容，活得津津有味，活出精彩。

　　人，活在这纷杂的世间，应该以哲学的思维及时调整不同年龄段和不同环境下的心态、行为，从而优选出最佳的生活方式。不抱幻想，不去强求；顺时不喜，逆时不悲；善待他人，不屈自己；不求完美，但求无愧；不贪不馋，不媚不卑；简朴至真，知足常乐！

目　录

第一章　感悟人生

第一节　说人生

人生，这个题目简直是太大了，可以说，其大无边！

人生，从字面上看，就是人的一生，或是人的生活与生存。不是我武断、狂妄，我敢说没有人能把"人生"这个话题说透彻了。因为，人生历程真的是太复杂了，复杂得让每一个人都说不清楚。

世人都想让自己的一生过得完美一点儿。可是，又有谁能设计出一条能使自己达到完美的途径呢？我敢肯定，没人能做到。既然如此，又怎么能指望从他人那里获得完美一生的人生宝典呢？

既然人生很大无法说全，人生很复杂无法说清楚，无法寻得让人生完美的途径，那么我们可以从一个点、一个面或自己对人生某一方面的感悟说起。

大家对教师、医生、科学家等职业不陌生吧？

教育、医疗、科研，这些领域的知识范围很大，但谁又能掌握得了全部？一位教师教不了从幼儿园到博士后的所有学科；医生穷其一生也掌握不了所有的医学知识；科学家无法研究所有的科学知识。

绝大多数情况下，一位教师一生只教一门课；一位医生一辈子只从事一个科；一位科学家只为了一个科研目标奋斗一生。

我们实现不了所有的目标，但有自己专属的独特的风景，有自己独特的感悟。这就够了。

对于人生的比喻，有"人生如梦""人生如戏""人生如棋""人生仿佛流云"等等，不一而足。

其实，不论把人生比喻成什么，人生只不过是一个过程——一个生命从生到死的短暂存在的过程，犹如过眼云烟。

在生命的短暂与存在的永恒之间，人们锻造自我的情感和心灵，通过艰辛的跋涉、拼搏和争取，以实现真正的人生价值，体验真实的幸福生活。因此，"积极"二字就成了人生征程中的主旋律。这就是说，人的一生，必须要有积极的人生态度。因为，人生不是一条永远平坦的大道，难免会有坎坷、泥泞，只有闯过难关，才能拥有坦途。

结果，是一种终点，享受结果的时候，一切也就结束了。过程虽然辛苦，但那是最美的体验！

所以，正像一位名人说的：

人生就像大海，能主沉浮的只有你自己。要过完美一点儿的生活，全靠你自己！

由此，我就想到，人生就是一个不断播种和不断收获的过程。这也就是我要从点、面说起的人生的一个主题。

如是：

人生征途，

为生存播种；

生存过程，

迎收获回归。

播种喜欢收获欢喜，播种悲伤收获伤悲。

所以，有人又说：人生是面镜子，你要对它笑，它就给你笑；你要对它哭，它就给你哭。

这正是：种瓜得瓜，种豆得豆！积极、完美的人生应该是：

不断播种——不断收获，不断收获——不断播种，是一个结果，更是一个过程。

说到底，人生能否完美，关键在自己。这就像"打牌"，真正的赢家不是因为持有一手"好牌"，事实上把"好牌"打输的人多的是；而把一手"坏牌"打活、打好、打得有滋有味，那才是真正的大赢家。

还是那句话：把握人生，全在自己。

关于人生的话题太大，我所说的只不过是沧海一粟而已。

第二节　"圆满"人生

美国著名人际关系学大师、西方成人社交教育的奠基人卡耐基在一篇文章中引用了罗勃·邵思威尔的一首诗，全诗只有四句：

良知是我冠冕，

无欲赐我宁静；

快乐常驻我心，

幸福满溢我胸。

罗勃·邵思威尔是谁？我一无所知，甚至在这之前从来没听说、也没看到过这个名字。但是，这首只有四行、仅仅二十四个字的小诗，却让我领悟到了追求"圆满人生"的真谛。

良知、无欲、快乐和幸福，这些正是人生需要拥有的品德、修养、心境和生活。四者之间互为联系，且有着因果关系。

良知乃为"人类先天具有的道德意识"。

"良知即天理也"，是为善良的心性。这应当成为人们为人处世的准则。

无欲即没有那些致人身败名裂、蜕变堕落的物欲、情欲、贪欲等。这该是严格要求自己堂堂正正做一个人的起码条件。

心存快乐，就会愉悦欢乐常伴，疾患不染，健康永驻。好人有好报，幸福到老。

人的一生只要以良知为人处世，不因欲望苛求自己舞动生活，那么，幸福一定会伴你一生一世。这样的人生就是我们所追求的圆满人生。

世人啊！请自敬、自尊、自信、自守。

请切记：

人生冠冕是良知，宁静尚需无欲求；

心态常处快乐境，胸中满溢皆幸福。

君若欲求圆满人生，唯此，无他路。

第三节　活出生命本色

生命本身只不过是寄存于星球上的匆匆过客，在茫茫宇宙，生命犹如流星一划而过，而这个星球也只是造物主为人类建造的一间小驿站。短暂的人生总是交织着得与失、福与祸、爱与恨、富与穷、成与败、苦与乐、生与死等各种矛盾。

人生苦短，好多事情不必太计较，不必太认真，不必自己与自己过不去。

你不能改变容颜，但你可以展现笑容。

你不能左右天气，但你可以改变心情。

你没有权利选择自己的出生，但是你可以改变自己的人生路。你不能指挥天气的变化，但你可以控制自己的心情。

你不能事事顺利，但你可以事事尽心。

你没有能力预知明天会怎样，但你有机会让今天过得很充实。不要太在乎外在的东西，活出自己的本色就好。

生命不允许效仿和重复，应按自己的构想展示生命的精彩。乐也一生，苦也一生；富也一生，穷也一生。人生苦短，该乐就乐，该笑就笑。当有一天生命走到尽头的时候，回首人生，心灵感到慰藉，不悔在人世间走一遭，这就足矣。

第四节　心灵成长感悟

　　人的心灵是需要成长的。不管你有多大，谁都不能说自己很成熟了，自己就老练豁达了，一切都可以从容地接受了。谁都不可能妄然地说，自己会把一切事情处理得至善至妙。

　　其实，人就是在那些无尽的经历过程中让自己渐渐长大并变得更加成熟的。人的智慧就是从一次次的伤痛中来，就是从一次次的过火中来。没有经历过人生的坎坷、挫折，就永远也练就不成坚忍不拔的毅力。

　　吃一堑长一智嘛！

　　在人生的征程中，不要惧怕生活给予的我们不情愿接受的那些经历，躲闪拒绝是无济于事的，没什么了不起，坦然面对、接受现实就是了；不该经历的经历了也没什么，无需埋怨，也无需苛责，痛定思痛、反思自己就得了。

　　在人生的路途中也别怕有错，知道错了就回头，重新调整走向，不断地修正错误，收藏感悟；不断地吸取经验和教训，摆正自己，做好自己，这就足够了。此后，一切都会做得更好。

　　人生的一些经验、体悟、才能和长足之处，都是在长时间的学习、锤炼和沉淀、累积中获取的，从而逐渐地变成了我们生命中不可或缺的智慧。

　　人每走过一次坎坷、通过一次瓶颈，就会长大许多、成熟许多。无论在什么状态下，经历过痛苦磨难后，还能拥有一颗端正、温暖、宽容、善良、向上的心灵，这就是一个人真正的成长和进步。这，也就是心灵比较成熟的标志。

第五节　价值基石的选择

人要超越自己，就要有追求，就必须开启智慧之门。智慧之门的开启又有待于一把钥匙——即价值基石的选择。

离开了对人生价值的追求，要想超越生活局限、思想局限和时代局限，那几乎是不可想象的。

不要把安逸和享乐看作是价值选择的唯一目标，否则与动物无异。

超越别人当然重要，然而更重要的是不断超越自己。真正的成长，就是在不经意间，不断地实现对自己的超越。

爱默生说："生命是一连串的惊异。"一切的跟风与盲动，一切的高调与张扬，到头来都不过是被他人驱使或驾驭。

我们不能无限地延长生命，但却完全可以使我们的生命增值。蒙田说："剩下的生命愈是短暂，我愈要使之过得丰盈饱满。生命的时光无多，我就愈想增加生命的分量。我要以时间的有效利用去弥补匆匆流逝的光阴。"

要干大事，就要有大境界、大胸怀。

我们的判断一开始经常是错误的。柯罗连科说："人生，就像在险恶的河流中航行。"当心事重重时，暂且不去作价值判断，这可以说是比较有效的处置方法了。

起点并不能决定终点，人生的形式，关键在于完成。只要从正面认识自己，学会自我挑战，谁都可以有所作为。无论你的时间表多么紧凑，如果你真的再加把劲还可以做更多的事。

寻找生命价值基石的过程，其实是一个自我规划的过程。在我们逐渐成长的过程中，我们生命中的价值基石会越来越多，亲情、爱情、友情、事业、金钱、名利……我们肩头的担子逐渐地加重了。乍一想，似乎这些都是我们生命中的"价值"，我们舍不得割舍其中的任意一个，于是我们只好背着所有的"价值"上路……其实你只要选择自己真正需要的价值，其余的完全可以抛弃，抛弃得越彻底越好，这样你才能集中所有的时间和精力干好一件真正的大事，甚至是青史留名的伟业。

不要急功近利。不论是钻研知识、学习技巧，还是追求成功，我们都得逐步积累、吸收养分，进而培养出扎实的能力，让迈出的每一步留下的都是绝对坚实的足印。不怕做不到，就怕不敢想。想要超越极限，必须置之死地而后生，否则人的潜能就不会发挥到极致。

拔苗助长的人，只会让仅有的一点儿能力过早显露，遭到他人的白眼和讥讽；好高骛远的人，只不过有个看似比别人崇高的目标罢了，若不肯脚踏实地地去做，最后只能与失败为伍。塞涅卡说："糊涂人的一生枯燥无味，躁动不安，却将全部希望寄托于来世。"

急功近利的人大多心态浮躁，投机心太切，恨不得立竿见影，每天都抱个金娃娃，一遇挫折往往马上轻易放弃。因此，成功之门永远不会向他敞开。如果能去掉过盛的功利心态，让心灵归于平静，坚持不懈，在不知不觉间，一点一滴地积累就会有成果。

许多人在年轻时便急着把人生变得前卫且肤浅，或是将人生变得轻率且轻浮，他们放弃了认真地接受人生乐趣和真正地担当人生责任的机会，而靠着自己固有的本性去感受人生，并且停止了追求生命价值的努力。

人真正的对手就是自己，你就是自己的最大对手。许多人在为许多具体的目标而忙碌，但可能有更多的人没有一个触手可及的目标的吸引。

一个人不可能超越所有的人，但可以不断超越自己。人生价值最大化值得我们全力追求。

千万不要把名气等同于价值，不少真正的创造者并没有什么名气；而某些名气大得不得了的人却毫无创造价值，其名气是靠出镜率或媒体的鼓噪或小圈子的吹捧换来的，例如一类平庸的节目主持人、三流歌星、小品演员、超男超女……

第六节　跨越式发展

人是世界上最神奇的存在。人类超越了自然界的一片死寂，精神超越了生命的大限，思想的智慧永远闪烁着奇异的光芒，于是成为了无可争辩的万物之灵。任何人任何时候，都不能停止超越，否则生命将如一潭死水。人只有在不断的超越中才能发现并实现自身的价值。

一个民族要有一种精神。不倒的灵魂是一个民族存在、发展的前提。文明的社会一定会让特立独行的思想者发声，而绝不会让奴才和精神太监当道，否则，这样的社会没有办法不堕入腐朽没落的深渊。

思想家是痛苦的。思想家是人世的灯塔、信仰，却又必须呼吸世俗的沉闷空气。黑塞说："天才不是被环境绞杀，就是克服环境。"

一个人的精神越伟大，就越能发现人类具有的创造性。不拘泥于自我，就能得到精神上的自由。精神可以是强劲而又狭隘的，也可以是广博而又脆弱的。

生于忧患死于安乐，人不能成为荣誉、权位的奴隶，而应该成为它的主人。对于官职，某些人趋之若鹜；但是，某些思想家却视如敝屣，在他们的心目中没有什么比官职更虚浮的了。其他东西也是如此：在某些人看来值得追求的东西，许多人却认为一钱不值；而在某些人看来一钱不值的东西，许多人却视为珍宝。

不经历磨难，就不会成熟，就很难成为一流的人才；有了野心，才敢于自我挑战，做出不平凡的事。要有气魄和胆量从过去走出来，走出僵化的模式，走进新的天地。

自己的潜力只能自己挖，然而，如何自我挖掘，不仅需要转变观念，而且需要因人而异。

要不断地自我激励，自己和自己比，每天进步一点点，日积月累就了不得。

生命原本是简单的，很多东西我们要学会放弃，能够放弃就是一种跨越。当你能够放弃一切做到简单从容地活着的时候，你生命的低谷就过去了。

要在过失中超越自我。一个人的错误，有可能侥幸地成为另一个人的发现。任何一个伟人，都是从挫败、失误中走出来的。所不同于一般人的，只是他们将生命中的错失，都当作继续前进的垫脚石，而不是任由它阻碍自己前进的脚步。苏格拉底说："否认过失一次，就是重犯一次。"人做错事产生过失是不可避免的，但能意识到错误并重新回到正确的道路，才是当下该做的事。

要为了一个价值目标矢志不渝。自我价值实现是建立在目标的基础之上的，一个连目标都没有的人，是谈不上什么价值的。

有时候，我们需要放弃一些眼前的微小利益，使自己不被这些东西网罗住，折腾得伤痕累累，这无疑是一种积极意义上的超脱。因此，我们应该扩大视野，摆脱羁绊，走自己该走的路，做自己该做的事，进而走向成功，获得更多有价值的东西。

有些时候，退出并不都代表认输和妥协，而是一种华丽的转身，甚至是一种心灵的升华。因为，退出的过程，闪烁着人性美丽的光辉。

一个民族总是停留在历史温床上故步自封，将没有任何希望。然而，思想大大超前于一个时代，却常常又是人生的悲剧。有时人的命运，无论怎样折腾，也难以摆脱那个时代给你锁定的大限。

现实中，既有向下堕落的魔鬼引诱，也有向上飞舞升腾的天使呼唤，就看你如何选择。

在历史的长河中，有许多人被视为伟大。他们崇高的人格、伟大的功绩，使人类牢牢记住了他们的名字。他们深邃的目光、深刻而崇高的思想超越常人，达到众人难以企及的高度。他们就如同夜空中灿烂的群星，在黑暗中闪烁着神圣、耀眼的光芒。

第七节　不断刷新自己的人生高度

只有经得起逆境考验的人，才算是真正的强者。其实，顺境和逆境都是命运的安排，只有坦然面对，才能增强意志。

我们每个人都有着不同的潜能，很多人都在犯这样的错误：他们把这潜能的"大门"紧紧关闭，没有想到在这"矿藏"中挖掘出珍贵的矿产。如果一个人整日百无聊赖，无所事事，自身的"矿藏"终究会慢慢荒废。

不论处境如何，为人处世之道就在于不迷惘、不矫揉，以坦然态度处世，这才是最正确的。把事情做好，就是最好的防御和进攻。

一个事无巨细操劳的人，不会有太大的成就；一个斤斤计较于蝇头小利的人，不会有太大的作为；一个热衷于关系学的人，不会有真正的建树；一个拼命做表面文章的人，绝不会有深刻的思想；一个急功近利的人，收获的必定是一地鸡毛。因此，只有放弃急功近利、窍门、捷径等短效行为，脚踏实地不断努力，才可能有真正的大作为。

给自己一双慧眼。发明创造往往是看到司空见惯的现象背后的真理，是从"无字句处读书"，不仅要用生理的眼光观察，还要用心理的慧眼去发现。给自己一双慧眼，做生活的有心人。

历史上那些伟大的思想家、文学家、艺术家，他们的生命尽管像流星般短暂，但他们为人类创造的精神文明却像太阳般永恒。卓越的思想和智慧使他们的生命得以在书籍中延续，并且不断地与一代又一代的人进行心灵的对话。每一个时代的人们在与前人对话的同时，就完成了一次又一次的超越。

第八节 做出一流的成就

人生不在于外在包装，而在于内心品质。言语的争斗不如拿出实际的成绩，自己说不如大家说。现实生活中，很多人常常抱怨自己怀才不遇，却忘了扪心自问自己是否真正具有出众的才智？想明白了这一点，我们可以少一点怨天尤人，少一点愤愤不平，少一点妒火中烧，少一点委屈抱怨，少一点悲观失望。

自如地适应身处的环境，又善于改造环境，而不是一味地被环境所左右。如此，才能在融入社会的同时保持自己的个性，实现自我的价值。

要做就做一流的成就。不要永远活在强者的阴影里，要站在巨人的肩膀上。许锡良说："伟大思想家的伟大之处并不是他的生活形式，而是思想内涵。理解伟大历史人物的内心世界，只有相应心智的人才可能做得到，普通人与伟人的心智水平存在着差异，因此，常常无法理解历史人物的思想。"

做人，不要人云亦云。拒绝模仿，要做就做第一等人（指思想、精神和人格，不是指官位）。自己心灵深处涌现出来的感悟，远比废话连篇的官样文章有价值得多。

过程对了，结果大多是对的。秦牧说："人与人的起步点往往相同。由于付出的精力与时间不同，于是出现了差距。"

活在世上，应该具有奋斗精神。不甘人下，敢于直面人生和现实并努力拼搏的人，才能踏上成功的顶峰。否则，将像水一样流入低谷，埋没自己的生命价值。

卓越的思想家是历史长河中闪耀的群星。当然，思想家并不是人人都能当的，但每个人都可以成为思考者。

挫折就是学费。享受失败也是一种积淀，更是一种成长，因为失败是成功的前奏或序曲。当然，成功的路不止一条。

永远要勇往直前。无论做什么事，态度决定高度。有志者都不甘于只做能力范围之内的事情，他们总是找一些途径来培养自己的新能力。如果我们只做那些能力范围内的事，就会逐渐陷入平庸。发掘潜力的方法只有一个，就是不断超越它。

第二章　为人之道

第一节　认同的力量

人类最深远的驱动力就是希望自身具有重要性，希望被认可，希望实现自己的价值。

人际交往中，矛盾和冲突不可避免，只要能坦荡自然，就问心无愧。走自己的漫漫长路，学会接受，学会放弃。

人总是容易心高气盛，觉得自己了不起，可是在社会上一闯荡，却发现不是那么一回事。你越摆谱，越没有人理你；越自我感觉良好，越是到处碰壁。

要真诚、慷慨地赞赏他人。我们应尽量去发现别人的优点并真诚地赞赏他们。赞扬，可以使自卑者抬起头来，使懦弱者坚强起来。学会赞美别人，就是为自己前进搭桥铺路。你在赞美别人的同时也让他人看到了你的博大胸怀和人格魅力。因此，千万不要吝啬自己的赞美。

肯定和认同有一种无穷的力量，它可以激发人体内的一种潜能。认同催人奋进，认同开阔失败者前进的空间，认同激励失败者昂扬的斗志，在给人信心的同时，会促使他人产生积极向上的情绪，创造出奇迹。

很多时候，一声斥责可能会毁灭一个人，而一句赞扬却可能会成就一个人。渴求他人的注意，希望他人意识到自己重要性，这是人性的一大特征。林肯说过："人人都喜欢受人称赞。"威廉·詹姆士也说过："人类本质里最殷切的需求是渴望被人肯定。"这种"希望具有重要性"的感觉，是人类与禽兽最大的分野。例如作家雨果，他最希望巴黎有朝一日能改名雨果市。

有些人做事往往单方面强调自己的需求，忽略他人的需求。这样，他们反倒无法满足自己的需求。

人类本质中最殷切的需求是渴望得到他人的肯定。正是这种需求使人区别于其他动物，也是这种需求产生了丰富的人类文化。

第二节　改变和适应

大千世界每时每刻都在变化。

从这个意义上来说，人们的生活本身，其实就是一个时刻在变化的过程。因此，"改变"与"适应"就成了我们生存中的主要课题，需要努力并积极地应对。

在这个飞速发展、竞争日益激烈的时代，人们都会有一种观念跟不上时代步伐、一时难以适应的感觉，这种感觉大多源于对一些新鲜事物"看不惯"和对一些改变与新做法"不适应"。说到底，就是因循守旧的观念和思想在作祟。

因此，一个人若想在生活中立住脚跟并成为强者，就必须直面人生旅途中的许多挑战，就必须跟上时代的节奏；要在各种新的思想观念、新的思维方式和新的科学技术面前，学会摒弃陈旧的思想和迂腐的行为，用全新的理念和方式，抓起改变与适应之锤，以极为猛烈之势，向传统守旧的城门砸去。

唯有不断改变自己，适应不断发展的时代，才能进步，才能从"意料之外"的困境与挫折中解脱出来，为自己的生存与发展赢得可能性，才能跟上时代不断发展的潮流。在危机四伏的环境中，通过自己不懈的努力，化危机为转机，从而达到磨砺人生、完善自我的目的。只有这样，才能发展、改变自己，才能获得广阔的生存发展的空间，进而适应新的时代潮流。也只有这样，才能走出故步自封的个人天地，以永不满足的心态拓展发展空间，增强与外界沟通和应变的能力，从而扬弃旧我，强化改变与适应的意识，力求达到自身境界的升华。

对于生活在当今社会中的每个人来说，只有坚持不懈地关注时代变化的大趋势，顺应历史发展的潮流，在不断学习中变化，在不断变化中学习，才能增强对世界大环境与周围小环境的适应能力。要树立新思想，改造旧行为，顺应时代潮流，把握人生转机。学会寻求与探索生活不断变化的新模式，开拓新的发展空间和途径、吐故纳新、随机应变，以勇于改变与适应的态度，用锐意求新的理念，从容应对生活的挑战。

让勇于改变与适应的观念成为我们走向理智、成熟的垫脚石，顺利赢得人生竞技场上的胜利，以睿智与自信去开创充满美好、充满希望的明天。

第三节　人应该如何存在

一个人来到这个世上，究竟该怎样活着？

说句心里话，年轻时还从来没有认真地想过。即使偶尔有过瞬间的自问，可最终也没得出答案。

如今人到中年，人世间的一切酸甜苦辣都尝过之后，再来回答这个问题，虽然不能说得圆满周全，但至少可以说出一点感悟了。

当然，人生旅途中的好与坏、顺与逆毕竟都过来了，又何必再去纠结自己的足迹呢？

前段时间，偶然看到一篇题为《答复人生》的文章，细读之后，觉得有些道理。

作者马德对上述问题作了简单的答复：

不要错过人生的美景。早晨，不要因为窝在被窝里睡懒觉而错过朝暾出岫的美景；黄昏，不要因为一天的坏心情，而少了在烟光凝暮中看夕阳西下的情致。生命原本匆匆，不要在这阻挡不住的匆匆中，再添上自己的一笔懒散、一笔郁闷，而让生命过得黯淡无光。

不要少了生命的诗意。三五素心，月影斑驳，一庭积水空明。在这样的晚上，不要少了诗的情趣，吟诵诗词，直到心醉迷离；大雪纷飞之日，屋外雪落寂然无声，屋内红泥小火炉正旺，不要忘了置一几香茗，捧一卷稼轩或易安，读到酣畅淋漓。

不断学习。这个世界上唯一不败的是一个人的能力。成就一个人能力的，除了个人先天的智能之外，就是知识了。所以要不断地学习，就像呼吸一样，呼吸着，学习着，就永远不会落伍。

凡事亲力亲为。跟随别人的脚印，永远找不到属于自己的路。人生，缺少了自我的经历和体验，称不上完美的人生。你痛苦过、幸福过、哭过、笑过，才能感到人生本真的魅力。

善待生命，留出一点时间来锻炼，拿出一份淡定来养心，烦恼滋生的时候，要像熄灭灯火一样，把它扼制在萌生的那一刻。

感恩于生活。一片暖阳，一缕和风，一园馨香，父母的养育，朋友的挂牵，陌生人的关爱，对生活中的一切偶然与必然，都要心怀感激之情。有了这样的感恩，才会感知到生活给予自己的恩惠，才会感受到这个世界的幸福。

心疼别人是一种美德。不要讥讽别人的落魄，不要嘲笑别人的不足，不要漠视身陷苦难的人。生命，只有互相敬畏着才显神圣，只有互相扶持才能走得更远。一句问候，一声安慰，一点帮助，对于我们而言只是举手之劳，而对方得到的，却是莫大的呵护和温暖。点燃一根火柴，在照亮自己的同时，也温暖了别人，这就是爱的力量。

时时想着成人之美。去为鲜花着锦，不为烈火烹油。你装饰别人的梦，也会让自己的心变得澄澈。渡尽劫波兄弟在，相逢一笑泯恩仇。事事想着宽容待人，主动伸出手来，就可以赢得朋友，进而赢得融洽与和谐的人际关系。

可以幻想，但不要有非分之想；可以有欲念，但不去放纵自己的欲念；不说过头话，不做亏心事。这样，就可以求得内心永恒的坦然和宁静。

这对人生的答复，多好啊。作者如果没有亲身经历，是说不出这些谆谆教诲的话语的。

我总以为，人活在这个世上，为自己也好，为社会也罢，即使你能力不及，做不了大事情，做些有益于自己、他人和社会的小事情也好，但绝对不能给他人和社会添乱。

还是那句话："生前不求扬美名，死后不留臭骂声。"

这样才不枉世间走一遭。

第四节　低调做人，以和处世

人们常说"和为贵"，"和"是做人的大境界。若想立世，就应该以和待人，以和处事；若想成大事，立大业，就当虚怀若谷，以宽广的胸怀容人纳事。

"和"既是事物多样性的统一，也是人类创造性的源泉。人们在世世代代的历练当中，已经把"和"视为生活的准则。

应该承认，世事纷杂多变，纳事、理事的方法与理念也不会相同。有些事情，只靠道德、准则或是纪律加以约束，未必能取得好的效果。这就需要人们通过智慧化解，以达到既解决问题又不伤和气的效果。从本质上来讲，"和"不仅是一种处世立业的能力，更是一种做人、为人的品德。

做人首先应认清自己，把自己放在适当的位置。千万别凌驾于他人之上，应相互敬重。看重自己而轻视别人，贬低他人以抬高自己，甚至不择手段地打击排斥他人，只能导致四面树敌，置身于防不胜防之中，最终自取灭亡。

善于团结别人的人，"善则称人，过则称己"，对自己严格，对别人宽容，这样就会得到大多数人的尊敬，"人缘儿"好，能创造出"人和"氛围；私心很重的人，"忌称人之善，乐道人之恶"，功劳揣入自己囊中，错误推到别人身上，花费心思抬高自己，恨不能把别人踩在自己脚下，必定落个"孤家寡人"的下场。

可以这么说，"和人"能使之获得好的"人缘儿"，有了好的"人缘儿"，在处世立业之中将发挥事半功倍的效用。

《菜根谭》中讲：

> 处世让一步为高，退步即进步的张本；
> 待人宽一分是福，利人实利己的根基。

这的确是为人处世的至理名言，应当成为我们的处世方法。

人的一生，在处世和与人交往的过程当中，有些禁忌是不能轻易触犯的。例如：

夸夸其谈、好为人师、轻言人短、斤斤计较、贪图虚名、权欲膨胀、贪恋钱财、爱慕虚荣、骄横跋扈、恃强凌弱、胆大妄为、肆无忌惮，等等。

人生在世，不可锋芒太露，这样才不至于引人注目，成为众矢之的、千夫所指。应守本分，以和处世，苛求于己，莫过张扬，低调做人。此乃为人之大智也！

第五节　宽容与协作

宽容是建立良好人际关系的法宝。哲人说，宽容和忍让的痛苦，能换来甜蜜的结果。宽容不是懦怯胆小，而是关怀体谅。宽容是给予，是奉献，是人生的一种智慧。

宽容是力量，是饱含爱心的体谅，是对生命的洞见。宽容不仅是一种雅量、文明、胸怀，更是一种人生的境界。宽容不是软弱。人都各有所长，也各有所短，争强好胜的人容易失去乐趣。

当别人的失误给你带来的损失已经成为事实，一切争执、责罚都无济于事的时候，用宽容来安慰别人因失误而愧疚的心，让别人心存感激，是最容易得到别人的信任和尊重的。

我们看待自己的过错，往往不如看待别人的过错那样严重。我们常把注意力集中在别人的过错上。评断他人，我们用另外一副眼光，往往把人批评得体无完肤，一点不留情面。

宽容不是无条件、无止境的，能否宽容，取决于主体和客体是否可以协调与平衡。

尊重别人就是尊重自己，尊重个性就是尊重生命。不知自我约束的人在生活中将会波折不断、纠纷丛生。

理解本来就是一种默契。人们往往苛求自己去追求一些虚无缥缈的东西，其实，生活无须刻意追求。

我们的生活空间是一个不完美的世界。一个重要的原因是，许多人在利益面前总是产生分歧，不能相互配合，反而相互拆台。

在经济社会中，合同是契约的一种形式，是一种保障协作和信任的前提。启程一针见血地指出："合同是小人的产物。"

合作是一种总体的发展趋势，而协作则是一种技巧和能力的综合，二者既有联系又有区别。在这个相互依存、相互联系的社会，善于协作是一种不可忽视的力量。

生存是一门艺术，它的第一法则就是合作。急功近利，因一己之利而践踏合作法则，从短时间看损人利己，从长远看却是害人害己自取灭亡；相反，照顾和维护了别人，别人也会感恩并回报你一份善意。你因别人而受益，别人也会因你而受益。

第六节　保全他人的面子

保全他人的面子，这是一个重要的问题。而我们却很少考虑这个问题。

每个人都有优点和缺点，但有些人看待他人时，总是盯着人家的缺点和不足之处，而看不到他人的优点，他们不愿称赞对方，不会夸奖别人。与人相处应该从真诚的称赞与欣赏开始。

有些人批评起人来，简直让他人无地自容，下不了台阶。其实，这种批评方式不但无法达到让他人改正错误的目的，而且有碍于人际关系。

在工作和生活中，我们不可能从来不批评他人，但要学会巧妙批评，让他人既要认识到自己的错误，并尽快改正，同时也理解你善意批评的意图，使他内心对你心存感激。

应掌握批评的艺术。批评之前最好先肯定一下他人的优点，然后慢慢指出缺点，并且尽可能间接地指出，这样他就容易减少抵触情绪，甚至心悦诚服地接受你的批评。

人都是有自尊心的，越是层次高的人自尊心越强。因此，批评他人，千万不要挫伤其自尊心。

有些人特别喜欢指责他人，一旦出现问题，他们首先想到的就是如何将责任推卸于人；还有些人，他们本来在某方面做得并不好，却非要拼命批评别人。

每个人都有一道最后的心理防线，一旦我们不给他人退路，不给他人台阶下，那么你自己的退路实际上也已被堵死。所以，只要不是大是大非的原则性问题，我们大可通融一点，灵活一点，对他人网开一面，"得饶人处且饶人"。这样，不但使得问题得到圆满解决，他人也必然会对你心存感激，于人于己这都是最好的结果。

谈话时，人们最难于接受的便是规劝，往往把别人提出的劝告视作对自己看法的一种冒犯，认为是把自己当成儿童或愚人看待。因此，要善于从他人角度考虑问题。有些时候，我们很难用对与错来衡量某一事情，如果考虑问题的角度不一样，其评价当然不一样。凡事换一个角度设身处地地想一想，原本疑惑不解的问题可能就变得豁然开朗了。

第七节　避免陷入纠纷

"结怨不如结缘，栽刺不如栽花。"人生就像是一块肥沃的土地，它既种植希望和成功，也会播种仇恨。不要在人生中播撒仇恨的种子。

人类的内心存有一种自然的防卫机能，只有用真诚才能打动别人。无端的猜疑往往会造成心灵的伤害，会留下深深的愧疚；真诚的付出往往会得到美好的回报和意外的机缘。

刻薄是一把双刃剑。一个心胸狭窄、没有肚量的人，他的刻薄在伤害了别人的同时，也会伤害自己。

陷入长期纠纷是人生的不幸。人生的一大悲剧就是事情还没有做成多少，就先陷入了人事纠纷，于是左挡右突，殚精竭虑，勾心斗角，疑神疑鬼，正经事全耽误了，自己变成了一个阴谋家，变成了个"斗争"狂，变成了小肚鸡肠的人。

嘲笑别人，看到别人的短处，冷言冷语，百般挑剔，这是病态心理的直接反映。

任何自作聪明的批评都会招致别人的厌烦，而缺少感情的责怪和抱怨，更有损于人际关系的发展。自以为是、动辄责备他人的人，往往会令人生厌。

人生短暂，不要浪费时间为小事而烦恼。应心存美好的向往，从身边的点滴中寻找生活的机遇。林肯说："任何决心有成就的人，绝不肯在私人争执上耗费时间。争执的后果不是他所能承担得起的。要在跟别人拥有相等权利的事物上多让步一点；在那些'显然是对的事情'上让步少一点。与其跟狗争道，被它咬一口，倒不如让它先走。就算宰了它，也治不好你被咬的伤。"

一个不健康的社会，各方面都处于紧张状态，特别是在人际关系方面。人们之间的关系紧张，窝里斗严重，在科学发明、技术创新、工作业绩方面就会平庸，就不会有什么成就……

应尽量避免不必要的争论。放弃无谓的争辩，有时却能带给你意想不到的结果。合理的退让是一种洒脱，是一门学问；适当的放弃是一种豁达，是一种人生的领悟。

可怕的是人际关系的人为紧张，明枪暗箭，勾心斗角，两败俱伤，同归于尽。在那些自以为是的争论中，人的固执性将双方越拉越远，一场毫无必要的争论造成了双方对立。

因此，应该压缩毫无必要的争论，用实干、实际效果来解答那些复杂的言语的分歧。不做无谓的纷争，不仅保存有效的生命能量，而且体现了超凡的智慧。只有盯住远方的目标，你才能漠视脚下的坎坷。当你与人发生矛盾或冲突时，只要不是原则性问题，你完全可以放下争强好胜的心理，甚至甘拜下风，这样就可能避免两败俱伤，化干戈为玉帛。当家庭生活中发生摩擦时，你退后一步天地宽，将使家庭保持和谐与温馨。

做人看似是技巧，其实体现的却是一个人的素养。一切能够正确与得体地处理人际关系的做法，与其说是有意为之，还不如说是无心得之；与其说是一种学问、一种本事，不如说是一种性格、一种素养。如果不会妥善处理人际关系，人就会在人生的道路上迷失。因此，每个人都应该有自己的主心骨，有自己的价值追求，千万不要被一些无谓的纠纷束缚住前进的步伐。

做人应该谦逊、和蔼，这样人家才愿意亲近你，你做事才有群众基础；反之，若高傲自大，人皆远之，你就成了真正的"孤家寡人"。

第三章　攀爬在梦想的高地上

第一节　梦想是奇迹诞生的起点

梦想，是有志者抵达胜利彼岸的一条秘密通道。每个时代都有属于那个时代的梦想，每个人也应该有与众不同的梦想，这是支撑人类和个体生命存活下去的精神力量。

宇宙是一个无限的存在，人类的梦想是一个无限的延伸。人类不断发展的过程，实际上就是不断延伸梦想的过程。人类只能在梦想铺就的坎坷征途上跌跌撞撞地往前走，而不能企图在某一天能够走到梦想的尽头，因为梦想是永无尽头的。

梦想一旦成为习惯，就会形成一种良性模式自行运转，就会融入骨髓和血液中，进入生命的年轮，没有任何力量能够阻挡这一伟大的过程。

梦想具有无穷的魔力，它吸引着人们为之奋斗终生。为了使梦想具有实践性，可将梦想具体化，将目标蓝图化，细分成一个个小目标，使之具有阶段化特征，然后按计划一步一步实现梦想。

人的一生其实很艰难，好不容易编织出一个美好的梦，理应努力去追求，努力去实现，而不应该仅仅止于梦想。

第二节　世界是梦想的结果

当人们对现实世界感到失望的时候，会把在心目中构想的对美好世界的向往转化成为一种梦想。

人类迄今所有的理想、愿望和符合人类社会发展的政治、经济和文化的构造与完善过程，都是人类的梦想在社会中不断被实践的过程。今天的世界之所以如此丰富多彩，说到底就是人类世世代代的梦想被付诸现实的结果。从原始社会的第一把铁器工具到今天的电脑、宇宙飞船和所有先进的科技产品，无一不是人类将梦想转化为现实的结果。

人类第一个梦想，毫无疑问是由生活在 2400 年前一位叫柏拉图的雅典人率先创立出来的，那就是人类第一部思想作品——《理想国》。为实现这一梦想，柏拉图离开雅典，开始了长达 12 年的游历生涯。他详细考察了各地的政治、法律、教育、宗教等制度，并结识了一大批著名的学者，广泛汲取了哲学、天文学、数学和音乐方面的知识，进一步丰富了他头脑中日益强烈的对理想国的构想。他还在雅典郊外创建了一所著名学院，在那里给他的学生们讲课。古希腊另一位最著名的大思想家亚里士多德就曾在这所学院里住了4 年，他是柏拉图最得意的弟子。柏拉图为追求这一梦想终身未娶，给后人留下了一部《理想国》。《理想国》不仅是柏拉图对全世界的梦想宣言书，也是人类世界第一部治国纲要。

《理想国》一书，为人类构造了一个充满真、善、美的理想世界，并为后世统治者提供了一个如何治国的美丽蓝图。柏拉图认为，由于天赋的原因，人的个性、能力和智慧实际上是不一样的，他们在一个城邦里所构成的需要关系，应该是各尽所能和彼此依赖、相互补充的。柏拉图一直深信，真正的理想国一定是由理性的智慧和追求知识的活力所支配的国家，真正的统治者必然是一位具有真知灼见的智者，所以统治者的权力必然和道德修养以及很高的学问结合在一起。

《理想国》是柏拉图以理性目光为人类所描述的第一个社会模式，他对理想国的民主和文化进行了大量的分析和评述，系统精确，使后来的任何国家统治者都会自觉或不自觉地以理想国的政治模式作为参照；它有自身的价值标准和精神追求，那就是不断地以正义与善作为最高社会理想，藉以向后人展示它的伦理标准。

可以说，今天的世界，完全是由人类梦想智慧造就的结果。从原始社会劳动、交通工具和种植业的发明，到政治制度、经济形态、意识形态、文化艺术、科学技术、生存方式、道德伦理无一不是人类天才梦想的产物。

对绝大多数习惯于接受既定事物的人们来说，他们与天才的狂想是分不开的。没有这些天才们的奇思妙想，人类社会就不会有今天这样一种千姿百态的面貌。

当凡尔纳所著的《海底两万里》问世以后，没过多少年，人们便把作者书中所梦想的海底潜水器变成了今天的潜水艇，变成重要的战争工具；当人类梦想着走出地球去探索宇宙时，"阿波罗"号飞船便成功地载着人类第一批宇航员踏上了月球。人类正是通过不间断的梦想将世界建设成今天的社会形态。

毫无疑问，有梦想总要比无所事事有意义，从思维角度看，探索解决问题的方法比找到一个解决问题的具体手段更为重要。

思想家的梦想总是根植于对现实世界某些形态的不满，甚至是建立在对现实社会深恶痛绝的基础之上。正是对现实世界在某些方面的不满情绪，导致了他们萌发出改造现实世界或是修补世界某些制度缺陷的愿望，这是他们想象和探索的动力源泉。

在那些半途而废的思想家中，有许多人可能是因为经济原因退出了狂想之途，也不排除有相当一批人可能是出于放不下种种欲望而自愿半路退出。即使在那些因为经济问题而放弃的人，如果他们中一部分人能够像斯宾诺莎那样，仅仅靠打磨眼镜片谋生而立志于从事思想研究的话，那么人类的思想财富肯定要比今天丰盈得多。

第三节　梦想源于短缺

浇灌梦想之花，培育精神蓓蕾，使其结出硕果。沿着梦想的高地攀登，其实是一件非常悲壮的事，绝对没有什么诗情画意，也没有什么潺潺流水。有时甚至是明知不可为而为之。

做最坏的打算，就是做最好的准备。逃离平庸，走向高雅，迈向卓越，是每个成功者的共同特征。一定要清楚自己的优势和潜能，也要真正明白自己的劣势和局限性。向命运作出必要的妥协是智者的明智之举。

思想家攀登的是心中的山，而不是自然的山；他们在精神的世界中畅游，而不是奔走于世界各地的旅行者。

脚印是人一生中最忠诚的朋友，无论你成功失败，无论你喜悦忧愁，脚印永远伴随你，不离不弃。并不是人越多的地方，秘籍出现的概率越小，而是秘籍根本就不存在。

天下之事，常起于甚微。只有坚持不懈地朝着一个方向努力，聚沙成丘、集腋成裘，才会渐渐走向辉煌。千万不要轻视和嘲笑你身边那些敢于幻想的人，说不定哪天，他的异想天开会变成现实，让我们所有人都目瞪口呆、瞠目结舌。

奇迹和运气不可能眷顾那些三天打鱼、两天晒网的人。很多人不是失败在成功的起点，而是失败在成功的路上。"操千曲而后晓声，观千剑而后识器。"一个人的人格魅力和综合能力的提升，需要一个长期的积淀过程。厚积而薄发，必然会不鸣则已，一鸣惊人。

懒散的人潇洒不起来。因此，我们应该用勤奋与不懈的努力，跨越人生中一道道围墙，站在人生新的起点和高度。

第四节　精神探索源于内驱力

欲望被满足后，往往伴随失落和空虚。周国平在《救世与自救》一文中指出：精神生活的普遍平庸化是我们时代的一个明显事实。其主要表现是信仰生活的失落、情感生活的缩减和文化生活的粗鄙。

信仰生活的失落，是指人生缺乏一个精神目标，既无传统的支持，又无理想的引导；情感生活的缩减，是指功利意识扩张导致人与人之间的真情淡薄，情感体验失去了个性和实质；文化生活的粗鄙，则指诉诸官能的大众消费文化泛滥，导致诉诸心灵的严肃文化陷入困境。

具有独立人格的知识分子，他们关注独立的精神探索和文化创造活动。这一类人大抵是一些真正沉迷于艺术的艺术家、真正沉迷于学术的学者以及执着于人生和人类根本问题思索的哲人。他们始终与俗世保持距离，而把精神上的独立追求和自我完善视为安身立命之本。

思想者是不会有失落感的。一个立志从事精神探索和创造事业的人，应该是出于自身最内在的精神需要，面对外部世界时的心态是平静的。

思想者与时代潮流始终保持着一定的距离，始终不渝地思考着人类精神生活的基本问题，关注着人类精神生活的基本走向。对于思想者来说，他守护着人类最基本的精神价值，在属于自己的领域里从事独立的探索和创造。

真正精神性的东西是完全独立于时代的，它的根要深邃得多，植根于人类与大地的某种永恒关系之中。人类精神生活作为一个整体从未中断，也绝对不会中断，孤独的精神旅程便属于这个整体，没有任何力量能使之泯灭。

诗人和艺术家是孤独的，是因为他们的思想是普通人无法理解的。思想家的孤独体现在他们通过想象去构思理想世界的过程之中——任何千古独步的思想都是一项前无古人的浩大工程，它需要思想家全神贯注地进行精心设计。所以他们总是在不间断地想象着那个世界的每一处细节，精心考虑着每一句引导人们进入那个世界的解说词。这种现象占据了他们的全部生命，即使走到现实世界的人群中，他们的灵魂也仍然遨游在冥冥苍穹之中。所以，孤独与寂寞是他们命中注定的生活方式，只要选择了做一个思想家，就无法摆脱灵魂的孤独与生命的寂寞，而他们孤独与寂寞的深层原因却源于其自身的精神探索的内驱力。

第五节　梦想的折翼

人人都有追求理想的权利。如果不能尽最大努力做到极致，就有可能导致梦想折翼。

在这个竞争日益激烈的时代，勤快并不是赢得机遇的唯一途径，推陈出新才是永葆生机的要诀。当梦想受阻时，不妨调整思路，让梦想转个弯或找找其他途径，虽然可能付出更多的艰辛，但也可能会获得预期的成功或偏离靶心的另类成就。

面对极限挑战，要始终牢记目标，不断鼓励和温暖自己。有时，偶然一个小小的失误，常会改变整个结果。成功需要百分之百的努力，但哪怕百分之一的失误可能就会导致失败。那些轻视失误的人往往会得到失败的教训。

应有一颗平常心，不要因成功而狂喜不已，也不要因挫折而痛不欲生。

历史上曾经有许多文人"怀才不遇"，他们深感命运的不公。假如他们的"才"能够遇到一个欣赏的人，就能够真正充分展示吗？从某种程度而言，"怀才不遇"不过是"想做奴隶而不得"的代名词而已。他们不满的只是没有能够成为更高一级的奴隶罢了。他们没有想到，"才"是独立的，永恒的，"才"并不为哪个人而存在；而它的主子只是昙花一现，没有永久的价值，所以不配做"才"的主人。

优秀的思想家总是以顺应社会发展的理性分析帮助人们澄清混乱的思想，以富有远见的思想为执政者提出解决社会棘手问题的良药秘方，藉以推动人类世界进入良性循环的有序轨道。

许多人都梦想成为作家、科学家或意见领袖，但真正能实现自己梦想的凤毛麟角。导致千百万个梦想家出师未捷的原因，并不是他们没有足够的才气，而是对自己的能力缺乏充分的自信。兴趣加自信再加上恒心与毅力，是通向成功之路的不二法门。

第六节　让梦想变成现实

如果梦想不能转化为积极的行动，就是空想和瞎想。今天，我们不缺梦想与理想，缺的是把梦想与理想付诸实际行动的脚踏实地的精神。

有梦想很可贵，坚持梦想更可贵，把梦想变成现实的正确方法更是可贵。

梦想给我们的灵魂世界以丰富的内涵，它无疑是我们的生命走向神圣和崇高的定海神针。一个人要想在事业上有所建树，就必须潜心学习，心无旁骛，矢志不渝。人生中有许多困难和失败，只能算是岁月之歌中的一串不协调的颤音。

人类社会有相当多的伟大思想家，都是在非常规教育或思想熏陶下成为独树一帜的思想大师的——学院教育或师从名门并不是通向思想圣殿的唯一通道。博览"闲书"、服膺天性的引导并执着于对梦想的追寻，是摆脱心灵束缚，让思想插上翅膀的重要途径。

欧洲最负盛名的思想家卢梭的成长经历，也能说明非常规教育对一个思想家的重要性。卢梭的父亲是个钟表匠，母亲则因生他而死于难产。父亲教儿子读抒情诗，读历史传记，使他对书产生了浓厚的兴趣。在这些书的启发下，他形成了不受束缚和奴役的性格，这为卢梭未来的发展埋下了第一颗种子。没有这样的个性和思想，就不会有后来的卢梭对人类世界的贡献。

卢梭去法院学习过"承揽诉讼"，去雕刻店当过学徒，并有长达13年的流浪生活，其间他从事过各种低下的职业，大大丰富了他的生活阅历并磨练了他的意志。后来他与华伦夫人相识，华伦夫人那儿的藏书大大拓宽了他的精神视野。在这期间，他如饥似渴地读了莱布尼茨、笛卡儿、洛克等人的书，自学了历史、地理、天文、生物、数学等科目。他自言当时读书几乎成狂，虽在百忙之中，仍苦读不断，这为他攀登学术和思想的巅峰打下了坚实的基础。他去巴黎谋生，在那里结识了伏尔泰、孔狄亚克、达兰贝尔等一流学者。尤其是与狄德罗交往甚密，这个百科全书派的人物不仅把他介绍到各个沙龙中去，让他呼吸巴黎的新鲜思想空气，还邀请他参加了百科全书的撰写工作，这一切使卢梭的才华得以施展，为卢梭步入法国思想界的殿堂开启了大门。

卢梭没有上过一天学，在他成名以前，他一直过着穷困潦倒的动荡生活，但他却一直如饥似渴地阅读可以到手的一切书籍，一直在进行知识的积累，因为雄厚的知识赋予了他厚积薄发的能力，一鸣惊人只是一个时间问题。

正规学院教育并不是造就人才的唯一通道，即使在今天这样一个如此重视文凭如此重视能力的时代，依据自己的兴趣读书并在无约束的氛围中追求自己的梦想，仍然可以抵达理想的彼岸。

对那些在正规教育过程中显得力不从心的人来说，自己在另类领域中的激情和自信则是支撑他们战胜内心怯懦、追求梦想的重要动力。追随并顺应自己对某些事物的兴趣，是通向梦想的重要途径。

爱因斯坦在大学以前的求学过程中，是个天资平庸的人——在整个少年时代，爱因斯坦对严厉而又学究气十足的德国教育深感厌倦，这种情绪影响了他的注意力。事实上，他在整个中学时代一直是个学习成绩比较差的学生。15岁那年，他因历史、地理和语言课程太差，没有拿到中学文凭。后来他到了苏黎世的瑞士联邦工业大学求学，毕业后在伯尔尼专利局做了一名职员。他利用业余时间完成了一生中最重要的工作——狭义相对论，这是自牛顿以后人类世界最重要的发现。

一个伟大梦想的实现过程同样也是伟大的。由于梦想的伟大，其实现就需要更多的付出，因而会显得格外的漫长。有时，奠基都需要一代又一代人的努力，更不要说它的主体建设了。每一个时代的每一个人，纵然是绝世天才，他也只能在那梦想的诱惑与召唤下，全身心地投入那实现的过程中……

第七节　梦幻与心灵

　　超越现实和常人思维的思想家们，不但生活在孤独中，还因曲高和寡而寂寞终生，但他们却从不为此动摇追求理想的信念，因为他们的灵魂始终为神圣的信仰所引导，这就使他们能够战胜一切困难而生活在梦幻的天国中。

　　思想家既是激情的想象者，也是孤独的梦幻者，想象和梦幻之间实际上是没有什么差别的。当一个人进入他的想象世界并沉溺其间时，他看上去就是一个走火入魔的梦游症患者。由于思想家的想象无不具有对常规思维、对时代和地域的超越性，这就使得绝大多数思想家的想象不能为当时的人们所理解和接受，这样必然导致了这些人的疏离。并不是思想家想过与众不同的生活，也不是他们没有常人那种对物质的需要和感官刺激的本能接受，而是由于其受思想的感召而无法像普通人一样生活，普通人也无法理解他们的思想，更无法与其沟通。这样一来，由于精神气质与思想语言的差距，导致思想家只能选择一种远离热闹世界的孤独生活方式。而且他们由于在扮演着一个幻想者的角色，需要一个远离尘世的宁静场所，以免影响他们的遐想，因此，孤独与寂寞便成为思想家们的生存常态。

　　到了近代，信息沟通已经成为人们生活中不可或缺的重要内容，及时掌握思想界的信息是非常重要的。当今时代，思想使人类的命运联系越来越紧密了，思想总是着眼于解决人类当前所面临的种种问题，再通过幻想升华来创造一套解决这些问题的体系。如马尔库塞、波普尔、凯恩斯、马斯洛等思想家都是在他们"入世"的过程中实现了思想的价值。

　　但即使这样，思想家也仍然是人类世界中最孤独最寂寞的一个独特群体，这种孤独与寂寞主要表现在他们的灵魂方面，而非肉体所处的环境。今天的思想家即使他们的思想占据了这个国家甚至是人类精神生活的中心位置，在现实生活中，他们却是和人群始终保持着距离的旁观者，然而他们却又是离心灵最近的一类人。

　　思想家之所以与众不同，就在于他们终生都投入到某种思考之中，尤其是他们的灵魂。思想家的灵魂始终遨游在冥冥的幻想世界中，而不是行走在挤满了红男绿女的街道上，不断试图用一种力量及时抓住那一瞬间的、飘忽的灵感——稍纵即逝的灵感是引导幻想者们在黑暗、混沌、旷无人迹的世界匍匐前行的希望之光。

第八节　梦想的价值

没有梦想的人生是可怕的，没有梦想的青春是苍白的。有了梦想就会志存高远，因为梦想决定态度，态度决定成就，成就决定高度。

坚持梦想，可以成功；缩小梦想，也可以成功；梦想的转换，也可能成为偏离"靶心"的一种另类的成功。

缩小梦想，实际上是对梦想的一种沉淀，是对人生的一种预见，更是对成功的重新领悟和对自己的重新认识和安排。学会缩小梦想，就是跨越生命、驾驭人生。

梦想是人生的羽翼，通向成功的道路不止一条。在羽翼尚未丰满的时候，要降低飞翔的高度，这绝不是拒绝蓝天的邀请，而是为了更好地与白云拥抱。如果不缩小梦想，仍以不撞南墙不罢休的姿态去面对，那么，心灵将承受重荷而遭遇创伤。其实，很多时候，生命的幸福感在于成就感，哪怕这个成就在别人看来微不足道，而缩小梦想，就是努力寻找那些易失的成就感。

一个人应该尽自己最大的努力，挖掘自身所有的潜力来实现自己的梦想。要为梦想而拼搏，在人生高远的天空中展翅飞翔。

努力可能会失败，但放弃则意味着你根本不可能成功。当我们有潜力实现自己梦想的时候，应抵制一切诱惑，不因挫折而轻言放弃。

第九节　不要止于梦想

放飞梦想才能实现梦想！

追逐梦想不能整日空想，要记得看看自己的脚下，倾听内心深处的声音。

人生的黑夜更要有梦。走路的人，路在脚下；筑路的人，路在掌中。其实，实现一些伟大的梦想不需要飞翔，只需要脚踏实地。

事实上，许多成功人士并不比大多数人有才华。积极的人生具备完成困难工作的决心、毅力、专注力及驱动力，能一直奋斗下去。卓越人士始终过着有规划和梦想的生活，他们要做的只是坚持走下去。

心中的路通往梦的花园，总是迷人的，显得雾蒙蒙、恍恍惚惚的，恰如《老男孩》的歌词：

> 梦想总是遥不可及
> 是不是应该放弃
> 花开花落又是一季
> 春天啊你在哪
> 青春如同奔流的江河
> 一去不回来不及道别……

虽然现在大多数人都不会因饥饿而挣扎，也不必因动乱踏上危险的征程，但是生活中的挑战却随处可见。很多时候，我们要战胜的是甘于平庸的心理。

人有两个自己，一是现实中的，一是梦想中的。梦想的自己很灿烂、很伟岸，现实的自己难免平淡、渺小。这就造成了我们内心的落差，烦恼的野草就会爬满心灵的角落。

不是自己内心深处的梦是可以忽略的，完全没有必要围绕别人的梦鼓噪并作慷慨激昂状；也没有必要为别人的梦作注释或图解，因为那毕竟是人家的梦，与你何干？凑那份热闹干什么？做做自己的梦难道不好吗？哪怕仅仅只是"南柯一梦"。

第四章　感悟生活

第一节　夏日之美

夏天轰轰烈烈地到来了，草丰、树茂、花艳，大自然把最美的一面袒露给人间。美在夏天，名副其实。

夏天的美是全面的，云美、山美、水美、草木美、鲜花美……美在夏天，夏天给我们呈现了最直接、最具感性之美。

那么夏天之美，美在何处？

夏天之美，美在一个"盛"字，而"盛"只是它的形式，夏天之美的本质是干净与真实。

夏天奉献给人类的莫过于干净与真实了。

干净与真实难道不是梦想的本质吗？

浩瀚宇宙，茫茫人生，干净与真实的地方是理想之境。

夏天是干净的。只要你看一下万物旺盛生长的样子，就知道病菌已经远离它们了；当然病菌不会完全消遁，但在夏天强烈的阳光下它也决不敢肆意张狂。夏天，喝泉水而神爽，抚绿叶而心醉，沐阳光而骨壮。

夏天又是真实的，夏天使一切都显出了它们本来的面目。

夏日，晴空万里，天空一望无际，"蓝"是天的本色。夏日的天，蓝得真切，蓝得淳朴，蓝得透彻，蓝出了远古的色彩，蓝在了人的心上，心因天蓝而澄明了。

夏日，看云，云最真实。云是蓄雨的，有雨就黑，无雨则白，黑时像墨，白则似棉。夏天的云不像春天、秋天和冬天的云，忽聚忽散，聚时轻浮，散时张狂。夏天的云下雨时也是实实在在的，要下就尽情挥洒，痛痛快快地与大地拼搏与厮杀，不下就立马收兵回营，给蓝天和阳光让位。夏天的雷是惊雷，响起来就天崩地裂，震耳欲聋；闪电像一把利剑，劈云斩雾，耀眼夺目。

夏日的山最青，青得像洗过的一块石头，远山清丽，近山明亮，丽与亮使山的轮廓明确得无可挑剔。夏日的山是无可掩饰的纯真，不像春天、秋天和冬天的山，总是灰茫茫、雾蒙蒙的，即使露出一点面容，也是遮遮掩掩，不够真切。

夏日的草和树是翠绿的。绿是草和树的本色，绿就绿个痛痛快快，绿得肥美，绿得筋强骨壮。你想，既然把一切都袒露出来，何必又造作与扭怩呢？草和树，秋天枯黄，冬天苍白，春天又缩手缩脚，当然，峭厉的寒风从它们的身上蚀过时，它们的心并没有死，只是不敢面对现实，躲避、隐藏，消声屏息，夏天一到，它们纷纷展示真实的面目。

夏天的真实，岂止于此。夏天的真实来自于阳光。夏天的阳光最真，像一个偌大的火球发光散热。夏天的阳光明丽得让一切都辉煌起来，辉煌得一览无余，所以夏天的视线最远。夏天，你必须睁开眼睛在强烈的阳光下审视自然，审视社会，审视人生。

我爱夏天，夏天结了我太多的启示。我爱夏天，夏天给了我太强烈的对比，夏日的阳光可以照亮尘世的一切，可以照亮一个人隐藏的内心世界。

那么，美是什么呢？

黑格尔说："美是理性的感性显现。"我却认为美应该是干净与真实的具体表现。自然、社会、人生除了干净与真实还有什么美可言？

我愿自然永远干净与真实。

我愿社会永远干净与真实。

我愿人生永远干净与真实。

第二节　落日

鸟雀归巢的时候，夕阳正压在地平线上，草原空旷而沉寂，大漠在夕阳的余晖中雄伟而壮丽。

我爱草原落日。

草原落日是个悲壮的消逝。

天地万物，如果生的伟大，死就显得悲壮。而伟大与悲壮都不在于喧闹、沸腾与张扬，而在于沉寂。

朝阳从拂晓的沉寂中升腾起来，夕阳从黄昏的沉寂中消逝下去。

沉寂孕育了一个生命，沉寂又吞食了一个生命。生命是在沉寂中成就伟大，生命又是在沉寂中显得悲壮。

那么，落日是真的悲壮吗？悲壮是在沉寂中显现出来的吗？

闹市中的人们永远生活在嘈杂与喧嚣的现实中，他们只知道从时钟的滴答声中感受时光的流逝，享受欢乐也增添疲惫。夕阳在楼外燃烧，他们全然感觉不到。只有在草原上奔波的人，才能真切体验到，落日，的确是一种悲壮的消逝。

悲壮是因为你劳累了吧，你和夕阳一样因旅途的劳顿有些疲惫了吧。但草原的空旷允许你停下匆忙的脚步，夕阳在地平线上庄严地照耀着。西山的曲线勾勒出一幅巍峨的轮廓，大地从那里铺展开来，正涂抹着一层迷茫的色彩。凉风习习，草叶摇动，鸟在空中飞鸣，云向西天集结。你举目四望，天苍苍，野茫茫，家何在？惆怅、失意、孤独与迷茫交织着，交织出妻子儿女盼你归来的殷切目光。你突然感到空旷的草原上呈现着万马齐鸣的宏大气象。夕阳就是在这种氛围中下沉，在下沉中完成了一个壮举：把西天的云彩烧红，在天地间又创造了一个奇迹，给人们留下了一个美好的记忆。

生与死是个说不完的话题。哲学家认为那是一个永恒的二元对立？但仔细想想，那其实不是对立，而是一个过程，是生命体由生到死完整的燃烧过程。有生就有死，这不容置疑，问题是我们到底该怎样由生走向死？

一些诗人在落日的悲壮时刻写出了悲壮的诗句。"夕阳西下，断肠人在天涯。""怅望倚层楼，寒日无言西下。""暝色入高楼，有人楼上愁。"写出了这般悲悲切切的心理，是落日萧条吗？是生活凄惨吗？心由物役，其实物也由心役，落日的悲壮变成了忧伤。

"浊酒一杯家万里，燕然未勒归无计。"范仲淹镇守边关，高唱出"千嶂里，长烟落日孤城闭"的豪迈词句，你想想，他不豪迈能守得住这片疆土吗？

辛弃疾在沉寞中悲歌："落日楼头，断鸿声里，江南游子，把吴钩看了，栏杆拍遍，无人会，登临意。"落日的悲壮正书写了他悲壮的心志——他是多么想收复沦丧多年的中原之地啊。

落日是悲壮的吗？

落日的悲壮只能在悲壮的情韵里。

人又何必悲壮呢？

挑战生活的人，悲壮是生命尽头的一个结局。

悲壮是黄昏沉寂中草原西头地平线上下沉的太阳。

太阳只有一个，伟大与悲壮者却无数。

第三节　生命咏叹调

秋雨，细腻的秋雨，绵绵密密，浇灌着冰冷的大地。

雨中蔓延的秋色，从天空到大地之间渲染出了一派萧瑟的氛围。

秋色，美丽吗？秋雨，可爱吗？

秋色在秋歌中悲壮，秋歌在秋雨中浅吟低唱。

"自古逢秋悲寂寥，我言秋日胜春朝。"秋日积淀着春朝的光华，燃烧着夏日的火焰，正向冬日的冰冷走去。

我们真的该这样悲哀吗？

包袱是沉重的，我们何必背负沉重的包袱走向生命的尽头呢？

让我们抖开这包袱，再现生命的光泽吧！

我爱生命，生命如歌，生命如花。其实这都是不恰当的比喻，生命是无可比拟的。

但在生命燃烧的过程中，有两个无法规避的悲剧，一是不知道自己的起点，二是必然走向终点。

生命的诞生都是偶然。人，可以知道自己必然会走向死亡，但没有能力决定自己的出生。

由生的偶然性，我们知道，"偶然"是多么伟大的奇迹啊。

我们每个人都是偶然来到这个世界的。偶然，点亮了一盏灯，燃烧起了一堆火。偶然是个哲学命题，所以我们不能把偶然理解得那么庸俗。

秋风秋雨惹秋思。

秋思浸染着秋天的色彩发出了一声悠长的慨叹："哦，你的生命季节到秋天了吗？"

无论如何，我们的生命都会经过秋天的季节。秋天不是收获的季节吗？那么，我们的生命在秋天的季节里是否也该满载而归呢？

吃饭吧，我们要蓄养我们的生命；喝水吧，我们该滋润我们的生命。无论是蓄养还是滋润，都是为了延续。延续就要奋斗，奋斗就要创造，创造是为了实现生命的价值。

生命的价值到底该怎样衡量？

钱让生命富贵，权让生命辉煌，知识让生命厚重。但无钱、无权、无知识的生命该怎样存在呢？

苦苦挣扎，艰难跋涉。开辟生命进程的途中，有多少个生命个体在憧憬、在高歌、在奋斗。但憧憬最后化作一缕烟，高歌也消逝在风雨中，奋斗让他们两手空空，如此的生命该不该歌颂？

生命的价值是平等的。你、我、他（它），就生命价值而言，没有高低贵贱之分。

天光云影，日色月辉，不为你生，不为我亡，你、我、他（它）的生命都应该在同一片蓝天下平等地生长。

"民吾同胞，物吾与也。"宋儒张载的话，历经千年，意味深长。

秋风啊，像一把柔韧的梳子；秋光啊，像一颗璀璨的明珠。

秋风中，落叶纷飞；秋光中，万物明净。

落叶飘飞，是死亡？是回归？是悲哀？是满足？

鲜活的生命就这样轻飘飘地落在大地的胸膛上。

大地孕育了生命，大地也养育了生命，大地又接纳了生命冰冷的躯体。

珍爱生命吧，让生命在蓝天上飞翔，在大地上行走。

鲜活的生命有鲜活的灵魂支撑，鲜活的灵魂在风的历练中形成。

生命没有贵贱之分，灵魂却有优劣之别。高贵的灵魂不能说明生命高贵，自认为高贵的生命却验证了他灵魂的卑微。

舍生取义者，生命宝贵，见利忘义者的生命同样宝贵，但灵魂的贵贱却有着鲜明的区分。

风雨历练灵魂，是因为在风雨中才能看出灵魂的去向与归宿。

太阳照亮大地的时候，太阳并不惊奇；灵魂在风雨中闪耀光华的时候，灵魂也不惊奇，因为它们都知道——这本来就不必惊奇。

就在这不惊奇中，它们完成了一个个壮举。大地会惊奇，体会被高贵灵魂照耀过的生命带来的惊奇。没有太阳的照耀，哪有大地的光明；没有高贵灵魂的闪耀，哪有尘世恢弘的奇迹。

感动吧，生命不被感动，那是缺乏灵魂的生命。

动物有灵魂吗？我不知道；植物有灵魂吗？我也不知道。未知领域，云锁雾罩，我们只能诗意地想象，也可以理性地探讨。想象中，生命绚烂美丽；探讨中，生命沉实丰厚。

我们需要绚丽的生命，我们也需要沉实的生命。绚丽是激情燃烧，沉实是理智醒悟。

秋阳在蓝天上下滑，大地袒露着广阔的胸怀，静静地吸纳着秋阳的光华。

万物沉寂，沉寂是激情和理智达到平衡的状态吗？不，那是生命呈现出了另一种样子——高贵的单纯，静穆的伟大。

生命只有一次，我们应该加倍地呵护生命，尤其是在这秋天的季节里。

第四节　石沉大海

扔向大海的石头，大海接纳了它，但却是毫无反应地接纳。

你想想，向大海扔一块小石头，那小石头可能连一个浪花都溅不起。石头落入大海后，无奈地沉入海底，海底石头很多，多一块少一块毫无影响。

那么你为什么要向大海扔这块石头呢？石头嘛，被你捡到手了，你又正好在海边站定，手里捏着一块石头，总想把它扔出去。扔向哪里呢？当然是大海。于是你无聊地把石头投向大海，想让这石头在海面上溅起一朵浪花。结果大海毫无反应地接纳了它，石头悲哀地沉入海底，你什么也没有看到。

人生中，悲哀无处不在。悲哀并没让生活黯淡，生活的阳光永远是灿烂的，灿烂中人们追求的是幸福。幸福是有大小之分的，高档的幸福和低层次的幸福、大幸福与小幸福是有天壤之别的。但若以平和的心态对待，那么幸福是没有差距的。

闲来无事，就想写点文章。写文章可以发表见解，可以抒发情感，可以消遣时光。坦白说，我写文章其实是想表现自己的才华，实现自己的人生价值。有些人写文章可能还想改变自己的人生处境。文章千古事，不是谁想写就能写得了的。笔杆子的功夫不是一朝一夕能练就的。先要读书，读一本你觉得不够，再读一本还是不够，你读遍了能找到的所有的书。读书是喝墨水，你喝了一瓶又一瓶，喝得腹满肚胀，头晕眼花，就觉得有知识了，有学问了。有知识，有学问，就想讲，讲你记下的人，讲你记下的事，讲得口干舌燥，天花乱坠，但你突然发现，你讲，其实没有人听，听也是心不在焉地听，于是你尴尬了、羞愧了、无聊了。

但学问在腹，不吐不快，可怎么吐呢？

人一旦有学问，总想生产。学问的生产，或者把肚子里的墨水一瓶一瓶往外倒，不外乎说和写。说，没人听，那么写呢？你想总会有人看的，于是你提起了笔，写了一篇又一篇，写了一章又一章，自己沉醉在文章中，文章陶醉了自己的心，之后，就觉得满意了、成功了，可以往外抛了。于是你的学问、感情就用华丽的语言包装起来，在报纸杂志上闪亮登场了，你觉得那是一块块五彩斑斓的石头，圆润精妙的石头，浸透着你智慧和血汗的石头。你把它扔了出去，扔向生活的大海，生活的大海接纳了它，但波翻浪涌的海面有你这块石头溅起的浪花吗？

海面有无浪花，关键要看你石头的分量。能激起大海浪花的石头，一定是一块大石头，可是我扔不了那么大的石头，也扔不动那么大的石头，我扔的是毫无分量的小石头。

我确实在生活的大海边捡石头，又向生活的大海扔石头。石头也，文章也，文章者，石头也。这是个奇怪的比喻，也是个无奈的比喻。自然界的海底有许多石头，生活的海底也有许多石头。别人扔向大海的石头，是精卫填海的石头，我扔向大海的石头是无用无趣的石头。但是我仍然想捡石头、扔石头，不过我不是在大自然广袤的土地上捡石头，而是在自己的心田上捡石头，大自然的土地孕育的是奇石，我心田上孕育的是粗石和糙石。

有一天，和几个同事闲聊，他们问我："你现在干什么？"我顿时语塞，不知该如何回答。赋闲在家，有何事可干？我到底干了什么？突然明白，我自己本来就是一块扔向大海的石头，在海底静静地休息，海底的石头很多，有我这块和无我这块小石毫无影响。

那么，我还向大海扔我心田上孕育的粗石吗？

第五节　诗意的徜徉

　　曾经十分羡慕悠闲自在的人背着手，迈着平稳的步子在大街小巷、古刹名园、湖畔桥廊上轻松地徜徉。徜徉中若有所思。有时站定，有时慢行，一副天宽地广、唯我独行的神情，让我感到那是多么的安逸、潇洒。如果是两个人闲庭信步，走走说说，说说走走，你一句，我一句，轻松交流，自由漫谈，天高云淡，那更是幅靓丽的风景。此时此刻，我正琐事缠身，心烦意乱，忙不迭想东想西，身心疲惫，何谈逍遥惬意。对比之下，他们是诗，我是一篇胡乱涂写的文。

　　徜徉应该是在清静的地方，有文化品位的地方。大街上人来人往，车水马龙，熙熙攘攘，你挨着我，我挨着你，摩肩接踵，嘈杂烦闷，徜徉不出诗意来。即便别人快走，你漫步，也缺乏诗意，会让别人心烦，而不会把你当作风景去看。

　　那么到哪里徜徉呢？最合适的地方是心里。世俗的杂念摒弃之后，心的大地就会无边无际。乏了、困了，回归本心，躺在自己的心田上。心境是可以置换的，烦乱的心境完全可以置换成平静的心境。此时此刻，你的心正烦，烦得上天不能，下地不成，那么你就赶快平静，平静中，远山出现在你的心中，春草染绿了你的心境，小溪荡涤你的心扉。"回来吧，天涯游子。"你的心会呼唤你，呼唤你这个为生活而焦头烂额的苦行僧。人都说家是避风的港湾，其实心是你最安妥的田园，在心中的徜徉，那是最有诗意的徜徉。

　　那么到草原上徜徉吧。草原向你展开宽广的胸腔，莺飞草长，山涛岭浪，风清气爽。你迈开了洒脱的脚步，踩看稚嫩的小草，越过舒缓的小溪，走上青葱的山冈。向远望吧，风吹草低见牛羊，平静的原野，祥光瑞气，生机勃勃。于是你想"山高人为峰，地广草生浪"。这就是诗，诗就是在这样的心境中产生的。

　　诗意的徜徉就是这样，守着自己的心房，让诗意在自己的心中流淌。

第五章 心灵的呼唤

第一节 心灵对话

世界浩瀚，人类渺小。然而，人类有精神，宇宙无灵性。人类是情感动物，也是理智动物，二者不可缺一。

时代主旋律万变不离其宗。被人信任的第一品质要素是诚实。诚实是做人的根本，人没有诚实的品质，就像树木失去了根基。

有创造力的人具有高贵的灵魂。罗曼·罗兰说："唯有创造才是欢乐的。"没有创造力的人，不会闪现一丝生命的光亮，即使社会给他光荣与幸福，也只是一具行尸走肉罢了。

只有俯视自我，才能发现内心。不要在意人家的眼神，也不必在乎"主流"的承认。工作与创造是最重要的，它本身就会带来心灵的愉悦，你的自信与满足就在于成就本身。狭隘与偏执是思想的魔障，懒惰与贫困是最好的搭档。玩弄权术者永远尔虞我诈，勾心斗角者的胜利最终必将清零。

一个人的思想层次越高，能真正与之进行心灵对话的人就越少；一个思想层次越来越高的人，与其心灵有共鸣的人将会越来越少，甚至无人能与之成为知音。因此，思想家傲视世界上的一切权贵，并有高处不胜寒的感慨。

越是无忧无虑的少年，越是喜欢强说愁；那些饱经风霜的人，反而不愿意谈及自己经历的那些痛苦。

世界是多元的，人类个体也是多种多样的：有伟大的呼风唤雨、叱咤风云者，有脚踏实地辛勤劳作的实干家，也有神神叨叨、光说不练的假把式，更有永不生锈的螺丝钉和漫山遍野的无名小草。

思维过程中，有时需要"另起一行"，有时需要"翻过一页"，有时需要"按下不表"。

某方法对一些人而言是有效的，但对另一些人来说则是无效的，甚至会产生负效作用。

很多时候，科研创新中的"无中生有"只不过是深层次屏蔽下的精心提炼。

一旦读书过多，许多人就听不进任何建议和意见，自负成了一个显著标志，这样的人哪怕学历再高，其创新水平也高不到哪里去。

卡斯帕尔说："人之所以比动物伟大是因为人有思想。人只不过是大自然中的一个渺小种类，生命是那么脆弱，失去空气和水都足以置人于死地。但人是一种能思想的动物，即使毁灭了，也仍然比置他于死地的事物高贵得多。因为他知道自己要死亡，知道自然对他的影响，而大自然对此却一无所知。因而，人类的尊严就在于会思想。"

人的大脑有自我学习功能，也有自我修复功能。这是人类的天然优势。

真理往往闪现在倏忽之间，它突然就把人们晦暗未明的心灵照亮了，心情顿时晴朗了起来。扫除了精神的阴霾，被真理照耀过的心灵永远不会再陷入黑暗，在那片无限广袤的思想原野上一定会生长出属于自己的精神花卉。

第二节　沉思与聆听

"沉思"与地位尊卑没有关系，它依赖于我们精神世界深处的价值系统而存在，没有任何力量能够剥夺它。

沉思是一种积极的心理活动。真正的沉思在于使头脑充满适度的幻想，这种幻想有时由我们的愿望所引起，有时从我们随意间写下的没有系统的笔记中浮现出来。

当直觉、灵感到来的时刻，不管做什么，千万不要用炫目的形式把它们罗列出来。列举的、概括的东西与原始的思想相去甚远，不可能复活它的原来面目。

思考起初是自发的，后来逐渐有了更多的目的性和意识性。最深沉的思考都是在人们无意识的情况下发生的。

沉思是一种自然的状况。如果我们养成了沉思的习惯，或者，如果外来的刺激使我们有意识地接收信息，那么，我们就会向迟钝的思考挑战。

应该进行有规律的思考锻炼。每个人应该有自己的"沉默时间"，沉思是创造的催化剂。

对大多数人而言，日子过得平平淡淡会无聊，过得冷冷清清会寂寞，但是有极少数的人却需要宁静的独处，他们更喜欢过一种沉思的生活。周国平说，真正的救世主是自我。这个自我即是我们身上的神性，只要我们守住它，就差不多可以说上帝和我们同在了。守不住它，一味沉沦于世界，我们便会浑浑噩噩随风飘荡。

心情浮躁的人不会聆听，利欲熏心的人不会聆听，心胸如豆的人不会聆听，老谋深算的人也不会聆听。他们过于浅薄，过于功利，过于狭隘，过于世故。他们缺少颖悟的耐心、适度的宽容、舒展的心灵、好奇的天真。他们所能听到的只是铜板的撞击、生活的噪音。

我们需要聆听。"喜欢聆听的民族是一个智慧的民族。"学会聆听才能不自满、不孤单，才能开眼界、长学问；学会聆听才会从容冷静、虚怀若谷，才能善于思考，富有创新精神，这样的民族才会变得生机勃勃，充满魅力。

　　人应有一双善于聆听的耳朵。听智者之言可以启迪思慧，听赞美之言可以激励斗志，听批评之言可以反躬自问——听能使人明理，能使人长智。

　　聆听，使我们缺钙的思想变得坚强。沐浴聆听的"春光"，心灵在找到寄托的同时，我们的人格也会得到重塑。

第三节　用沉默抵御喧嚣

沉默比话语更接近本质，沉默是最完美、最极致、最高层次、最高境界的表达式，沉默是一种美。

某些时候，沉默也是一种忠诚。应该控制自己的态度，否则态度就会控制自己。伤害我们挚爱的人只需几秒，而为他们疗伤却需要多年。宽恕是需要付诸行动的。

庸人大多惧怕沉默，他们用喋喋不休展示自己的能言善辩或为自己壮胆。文人大多自以为是，自怨自艾，常常高谈阔论纸上谈兵。真正的智者却用沉默维持智慧的纯洁。

对普通人而言，比孤独更痛苦的是不能言状的怅惘。沉默的智者在黑暗的山谷里前行的空谷足音，极有可能化为一个时代的天籁之音，它的伟大神奇功能，将掩盖一切如雷贯耳的喧嚣之声。

某些时候，获胜的唯一战术，就是保持沉默，不和别人发生正面冲突，就连多余的解释也没有必要。因为这时的解释就犹如隔靴搔痒，起不到任何作用。

必须指出的是，应该沉默的时候沉默，沉默是金；不应该沉默的时候沉默，沉默就是懦弱。

第四节　简单与丰富

人生的真谛存在于每日生活的实际内容之中，老是展望未来，成天忧心忡忡——这两者都会使生活失去真实意义。

原始的趣味比一切艺术更为深刻。对一个人而言，生命之初的简单和赤诚也许是最美丽的。一个人的思想积淀越丰富，则他的生活越简朴。

智者几乎都是让生活处于松弛状态，以增强思维的活力与弹性。若不会歇、不会闲，等于自己剥夺自己的权利和自由，扼杀自己的本能，至少活得太累，也会妨碍个体事业的发展。

从事思想和艺术创造的人，需要闲，需要有"呆着的"时间。闲适和玩味，在有的人那里不仅是闲和玩，而是一种哲学观了。他们玩味人生的大意义，以闲适的内心对待匆忙的时代，其得道者其实是在体察探究人与自然的关系。

几乎所有伟大的思想家其物质生活都非常简单，因为他们没有时间对那些身外之物产生兴趣。丰富的思想与简朴的生活集中在每个伟大的思想家身上。

思想家们的日常生活简直就像清教徒那样枯燥无味。可就在他们那看似单调、单薄的生命躯体内，却不断喷发出一股股炽热的思想琼浆，丰富着他们那貌似单调的人生，并赋予整个世界异常丰富的精神内涵。歌德说："只要置身于安乐又优美的布置中，想法就会变得散漫，情绪也会变得安乐、消极……华丽的房间与优美的家具，是为没有思想或不想有思想的人而专门设计的。"

人生是复杂的，有时又很简单，甚至简单到只有取得和放弃。当然，简单的今是而昨非，或者同样简单的昨是而今非，都太通俗也太幼稚，太简单也太快餐化了。

世界上有一些生活得很复杂、很精致、很豪华的人，表面上他们的生活让人羡慕，其实他们的内心如玻璃器皿般脆弱。世界上也还有一些生活得很朴素、很清贫的人，他们简单，他们快乐，生活虽朴素但绝不污秽或粗鄙。

简单与丰富在思想家身上呈现出一种二律背反。思想家们过于简单的生命经历与他们丰富的思想所形成的巨大反差，几乎成为所有具有狂想思维的人所共有的模式。近代科学的奠基人、英国著名的思想家培根就是一个最有代表性的例子。培根深深懊悔他为了权力浪费了许多大好时光，他最终痛定思痛，开始将精力转向学术活动，开始了他一生中最有价值的生命历程。培根先后发表《论真理》《新工具》和《论学术的进展》等著作，向全社会证明了知识的巨大价值。尤其是《新工具》一书，当时风靡整个欧洲，并创立了近代唯物主义经验论，给欧洲知识界点燃了一盏通往科学之路的明灯。当培根热衷于官场和权力的时候，他在物质生活上是一个丰富的人，但在思想上却是一个贫困的人，在人格上也是一个卑俗无聊的人。而一旦他脱离了官场和权力，他便成为一个物质生活简单、思想极为丰富、很有人格魅力的人——培根的价值恰恰展现在他后半生的学术活动中。

生命存在形式的简单化与思想之源的无比丰富，两者之间的关系就是这样相悖并行的。在今天，许多人忽视了思想对于灵魂的滋润作用，而思想创新与精神导向越来越成为极少数精英人物的事业。从这一意义上讲，千万年来，与物质文明的巨大进步相比，人类的想象力已经出现了严重的衰退，这是时代的悲哀。

第五节　心灵的成熟

人类心灵的成熟是个持续不断的过程。苏格拉底说"了解你自己"是智慧的开端，那么，"你是独一无二的"的说法便是现代人对古老智慧的新注释了。世界上最值得珍惜的就是个体性和独特性。

个性鲜明的人最富有吸引力。然而，现实中我们的个性、独特性被限定或消灭，我们被社会机器克隆成一个腔调、一副面孔的人，丧失自我，使我们从艺术品堕落为工艺品。

每个人都是作为一个独一无二的个体而存在的。泰戈尔说："我就是'我'，'我'是无双的。宇宙的全部重量不能压倒我的这种个性……我仍然保持我的个性。这种个性在外观上是渺小的，而在实际上是伟大的，因为它坚持抵制使它自己丧失特性，并使它与尘土等同的力量。"

如果我们丢弃了"自我"，破坏了我们的个性，那么，尽管没有失去任何物质，没有破坏一个原子，但是体现在其中的创造的欢乐却失去了。我们也许会因为舍弃个性迎合世俗而获得某种安全感，但我们却回到了胎儿的沉睡状态。如果被剥夺了个性，我们将一贫如洗。

萨特说："思维，可以说是人的尊严。"完整地保持我们的个性，是我们内心深处最强烈的愿望。自我的丧失使我们成为完全的破产者，自我的分裂则让我们走向疯狂。只有个性的完整与和谐，才会给我们带来生命的快乐。

自我是我们内心最深层次的潜能。在我们这个时代，许许多多的人把符号当作实体，把包装当作内容，把正确的废话当作思想，他们把头衔看得比做事更重要。

某些人被社会看作成功人士，而他们自己一旦得到了这样的称誉，就把它看得比生命还要宝贵，就要为维护它而牺牲自己真实的生活。

要保持真实的自我，首先要消除我们生活中的种种幻象，消除种种做作，摆脱他人和社会习俗的桎梏。

生命的旅途中，一定会遇到各种挫折和困境。这时，只要心中有坚定的信念，努力寻找，就一定会渡过难关的。

对挑战，如果你认为自己无法应对，那你肯定会被击败；如果你能坚持到底，就有希望跨越它。

追随理想的人很少过问前程，他们只是追随理想。每个人都应在心中有一个坚定的目标，一个清晰的价值取向，这样才不至于随波逐流，才不会在意别人的眼光、世俗的标准和时尚的定义。

一个人对苦难的承受力与成长环境有关，特殊的环境，特殊的经历，给了他特殊的成长背景和向上力。一个经历了千难万苦的人，就没有什么困难能使他低头，就没有什么迈不过的坎。一个长期处于社会底层的人，从哪个方向起步，都是向上。

生命只是一个过程，因此，没有任何一种青春是被错过了的。

尼采说：唯有自己，才有资格成为自己的导师和内心的解放者。真正能够成为自己本身的导师和典范的，唯有自己的天性。

人生命的价值在于你是否活出了独特的自己。如果这个世界很黑暗，你充当哪怕一只萤火虫也是属于你生命中的精彩，精彩其实就是这么简单。

第六章　低俗与高雅

第一节　虚无主义泛滥

每个独立的生命个体都是一个复杂、矛盾的系统，这个系统又细分为生理系统、心理系统、思想行为系统，等等。

人生一世，要有追求，有个盼头，有个让自己珍视，让自己向往，让自己去奋斗，乃至愿意为之献身的东西，这就是价值了。

有的人牢牢把握自己的价值取向。他们有追求有目标，一辈子献身某一事业，特别是为全民族谋幸福的事业，他们的一生是充实的。

然而，一个人在现实处境的压迫下，要想立功、立德、立言，谈何容易？但仍然不能只扮演一个冷眼旁观者的角色。

不轻言绝对的价值，更不能以一己的价值取向作为衡量所有人生命价值的准则，并以之剪裁世界。面对历史的冲突、曲折、考验、挑战，个人常常是渺小的，个人的选择余地是很有限的。

为取悦受众而进行的编造和粉饰，虽然可能在短期内赢得市场，获得一时的成功，但从艺术良心与艺术质量的角度来看，这是不可取的。依靠神秘来吸引受众，不可能长期成功。

第二节　平庸的胜利

耍些小聪明，花了许多斤斤计较的工夫，得到了一个微乎其微的胜利，一个可有可无的证书，一个令人生疑的学位。

某些名人只不过是浪得虚名，其实质或底牌无非就是一种媒体效应。好话听多了就真以为是那么回事了，就真以为自己有多么"著名""杰出"甚至"伟大"了。对各种溢美之词已丧失了任何的分辨能力。古人说得好："言过其实，终无大用。"

应拒绝平庸的胜利。某些所谓的胜利，是完全没必要的，耗费了生命的许多有效能量，使生命价值工程的成本大大增加。而这种"胜利"的成本实际上得不偿失——成本远远高于价值！

张维迎也说："有分量的批评比廉价的赞美更有价值。"

世上流行假高贵。房地产广告充斥"至尊""华贵""顶级"之类的词眼。豪宅、名车、身价、权力、时尚，各种外在的东西被冠以高贵的符号，到处招摇。这也从侧面证明了真正的高贵在今天何其稀缺。

真正高贵的人也可以拥有财富和权力，但他知道，人的高贵在于灵魂，而不在于这些外在的东西。相反，一个人倘若灵魂空虚，内心贫乏，就只剩下外在的东西来为自己装点，永远也不能称之为高贵。

泰戈尔说："不要试图去填满生命的空白，因为，音乐就来自那空白深处。"在精神表层作业的人，犹如吹着口哨走夜路给自己壮胆，他们不时扬起胜利的彩旗，导致平庸的成果俯拾皆是。然而，真正思想上和艺术上的作品是无限孤独的。

周国平在《平庸的畅销书》一文中说："看媒体排行榜推出的一批批畅销书，我感到悲哀，又感到无奈。今天人们都在用如此没有营养的食物喂自己的心灵吗？在这个没有大师的时代，媒体已经成为人们的导师了吗？然而，不要去苛责那些生产平庸畅销书的作者，也不要去苛责那些消费平庸畅销书的大众，因为他们都是媒体的产儿。更不要去苛责媒体制造了这样的作者和大众，因为这是它的生存手段。""看见那些永远在名利场上操心操劳的人，我常常心生怜悯，我对自己说：他们因为不知道世上还有好得多的东西，所以才会把金钱、权力、名声这些次要的东西看得至高无上。"

现如今，名利场上熙熙攘攘，一片繁忙景象，一片喧哗之声。无论在官场，还是在经济领域、科技领域乃至教育领域，平庸的胜利粉墨登场，频频亮相，这应该引起我们的高度重视。

人才总是坚持走自己的路，庸人总是踩着人家的脚印走；人才总是仰慕另一位人才，庸才总是喜欢贬低人才，他们极力想将人才拉回庸众的轨道。

我敬佩思想家和经济学家顾准，不是因他的正局级的待遇。现在的经济学家应该向顾准先生学习，少发不着边际的宏论或故作深奥实则庸俗浅薄的东西；深入实践，避免说顺口溜的话，不要总是为官方语言做注释，而丧失了自己思想的灵性和精神的魂魄，千万不要成为思维的木乃伊。最好是增加实践经验，提升"悟"性，激发灵感。

有的人把得意写在脸上，有的人把心酸刻在心头。在激烈的竞争环境下，平庸的人唱着"心太软"的哀歌，抖落着"伤心的痛"发出祥林嫂一般的呓语。

钱钟书说："有一种人的理财学不过是借债不还，所以有一种人的道学，只是教训旁人，并非自己有什么道德。"人性的教育比知识更重要。

任何创新人才，都有着极强的意念。意念产生目标，聚焦注意力。任何科研发明创新、创作首先都是意念的结果，但这种意念必须通过行动来实现，即除了动脑，还得动手或身体力行。

第三节 不确定性是一种美

我们生活在不确定性中，不确定性是一种朦胧美。一切都确定了、精确了，生活必然失去了颜色，甚至会呈现出恐怖——比如，每个人都确切地知道自己的生命历程的终结日期，都行进在往生的最后几天的倒计时中，相信绝大多数人都会惶惶不可终日。

不确定性呈现了许多事实的真相，它确实呈现出一种美感。

科学能教人明白道理，教人思路清楚，但很难将不确定性的东西划分得清清楚楚、明明白白，否则也就不会产生《概率论》和《模糊数学》了。

人类在进化过程中是以精神成长作为标志脱离动物界的，这意味着除了肉体的存在之外，人还有一种精神的存在，确定人的特征以及人的意义的，很大程度上是后者而不是前者。

人们脚步匆匆，忘我地追求着那些可见的利益，却忘记了欣赏身边那些美丽的事物，忘记了倾听大自然的旋律，享受人生点点滴滴的幸福，使本来丰富的人生变得单调乏味了。因为他们的心灵已经由于重负过多而麻木，飞花流水、日出月落、鸟鸣虫唱都已经难以感动这样的心灵，体会不到怦然心动的幸福感。他们的心灵过于拥挤，塞满了各种欲望，已经没有精神活动的余地了。这样的人，只能算是行尸走肉了。

人是有缺点的，多数是平庸的。平庸不是罪，通俗不是恶。俗并不可怕，可怕的是用俗剪裁一切——排斥一切高尚、高雅，或者世俗向低俗、恶俗的方向发展。

人们长期处在相对平静的生活中，对美已经麻木，更何况还有一类人造美以假乱真……以致真美假美都分不清了，更何况是不确定性的美呢？因此，能够在不确定性中洞察、发现或提炼美的人，大多是悟性较高的人。

第四节　自信，无须爆棚

有些人自信爆棚，那种张狂已经发展成了一种病，病得还不轻。这病和别的病不一样——别的都是病人自己难受，别人想替他难受也替不了，而这病是发病者自己美得不行，倒是旁人无止境地跟着受罪。

只有把自己看得很轻，才会低调做人。

在我们身边，应该给别人留足余地，这样你才不至于被孤立起来。太热烈的人，让人怀疑其中有着矫情；太浓烈的情，让人深陷其中无法呼吸。烈火会伤人，浓酒能烧心。

简简单单的人，清清亮亮的情。纯净简单之间，生活的馨香深蕴其中。

平平淡淡的人往往没有什么豪言壮语，像一头不知疲倦的老黄牛，吃着粗劣的食物，拉着最重的牛车，默默地在崎岖的道路上奔走。自信爆棚的人，往往不知天高地厚，极度张扬。

自信爆棚者，坐井观天，思想贫瘠，却以为自己天下第一，口出狂言。他们不愿意面对现实，不愿意一步一个脚印地去思考问题，而是盲目自信、大言不惭。

经济的贫穷并不可怕，因为我们还能用双手创造物质财富。最可怕是思想的贫穷，思想的贫瘠会让整个人对真正的世界认识不清，让心灵布满精神的尘埃，让自己清亮的眼睛蒙上厚厚的灰尘，让自己的言语不知不觉中变得尖酸和刻薄，那整个人都被这狭窄的心眼歪曲了，被虚荣和狂妄毁了，真的很可悲。

打开心扉，打开自信的大门，迎进更多宽容和积极正确的思想，让我们的灵魂丰富起来，让我们远离思想的贫穷，挥手告别自信爆棚。

第五节　何必张扬

自信，但不自傲，不要总是炫耀自己。当你熄灭了"炫耀"，选定了谦逊，那你就会终身受益。人，一旦正常，就可爱了。

有的人做了一点小事就急不可待地到处张扬，唯恐别人不知道，恨不得马上得到别人的肯定和赞扬。不幸的是，很多所谓的聪明人在这个问题上往往变得格外愚蠢，缺乏自知之明。

不要拿别人的东西炫耀自己。有的人甚至把与名人合影、进餐、握手等作为炫耀的资本以抬高自己的身份，你还是你，并不会因此而改变什么。现实中有此类癖好的人恰恰暴露出自己的浅薄与乏味，大多会招致周围人的白眼或鄙视。

有的事情是不宜拔头筹的，弄不好就会把自己"装"进去。

当然，某些刻意的低调就是一种矫情，更令人讨厌。例如，某些好酒贪杯的官员就常说，最不喜欢参加宴会应酬一类，宁愿在家天天喝粥、吃咸菜……如果三天没有人邀请他赴宴，他的馋虫一定会爬出来。

不要相信轻易的胜利，也不必相信轻易的失败。

张扬是我们身后的影子，不是你的主人，不能由它主宰你的心境。

很多人好大喜功，他们喜欢做大事。他们只是做给别人看，扮演成功者；他们的时间浪费在喋喋不休的自我吹嘘上了——这类人的"成功"可以作为小说创作的素材，但千万不要将他们等同于成功人士。

每一个人的能耐总是十分有限的，没有一个人样样精通，所以，人人都可在某些方面成为我们的老师。当你自以为拥有一些才艺时，要记住，你还十分欠缺功力，而且会永远欠缺，不然，失败就离你不远了。

喜欢张扬的人往往是和自大联系在一起的。自大是失败的前兆。自大的人总有一些突出的地方，这些突出的特长，使他们较之别人有一种优越感。这种优越感达到一定程度，便使人目空一切，飘飘然而不知天高地厚。

一类三流学者和作家，弄出来的动静如雷，靠制造高分贝的轰鸣声来获得媒体和读者的关注，填补和掩盖作品的苍白和自身创作能力的低下。这种人往往是一分能力，制造十二分的音响，鼓捣个三流作品到处召开作品讨论会，从而弄得"地球人全知道"。而一流学者和作家总是回归自己的内心和本体，他们靠实力说话，从不花时间和精力玩噱头和花样来证明自己，他们只是紧紧地盯住自己心中的目标，也不屑于干这一类勾当。也许正是这种孤独与低调孕育了他们的深刻。

人前的潇洒是用人后的艰辛劳动换来的。歌德说："我们发表的一切，只是重大告白的片段而已……我的作品并不受一般人的欢迎。但是如果为博得群众喜欢而写作的话就大错特错了。我的作品并不是为了群众写的，只是专为那些追求好作品，并理解这种倾向的少数人写的。"

有的人一点点小成功就弄得震天响，弄出来的动静或媒体的关注度远远超过了其真正的实力与水平。

一些自命不凡或自命清高的人，实在是作茧自缚。都是凡人，何必抬得那么高。

有人才能一般，但善于活动，善于为自己争取更多利益和荣誉，结果他的处境远远胜过了有真才实学的人。

大勇无功，大德无名。某些自强不息的残疾人，比那些身体健壮而精神颓废的人，在精神和思想层面要强大得多。因此，千万不要轻视乃至歧视残疾人，在精神层次方面，他们的韧性和耐力往往胜过了许多身体健康的人。

有的人不过是写了一点散文，就招摇得世人皆知，到处赶场演讲，以名人和大师自居，自吹自擂，结果弄得洋相百出，非议不断。

喜欢张扬的人一般爱虚荣。漂亮话说了一大堆，烟花弹放了一箩筐，到头来都是浮云。真正的智者往往会避免出风头，只有小聪明的人才会在人前出尽风头，人后受苦受累。他们不知道如何低调做人，到处张扬，到头来往往是聪明反被聪明误。

大境界才能成就大事业。然而，在生活中，人们往往容易被成功的光环迷惑，变得骄傲自大，不可一世，以为这就到了人生巅峰。

一个只爱开讲座的学者，再勤奋会有多大的成就？一个人的真学识是不会被埋没的。真正好的东西，一定能够被发现，而不会埋没太久，除非这个东西并不那么好。

所有圣贤的大事业，都从厚养深蓄中来，没有坐享其成的便宜。蓄养得愈久，积聚得愈深，那么显现出来的功业，迸发出来的光彩，才会愈茂盛愈精美。

有的人特别喜欢反反复复唠叨自己擅长的东西，为能把外行人说得一愣一愣的而感到自豪。因为，众人在自愧不如后恭维他的话自然是少不了的。然而，希腊谚语说："谨防鼻子上有疮却被恭维为美。"即使是真心的表白，如果涉嫌张扬，也必须恰如其分地三缄其口。

过于显露自己的才能和才智，过分地招摇过市，会使自己受损。历史上的名人、英雄，常常都身怀绝技，但他们都知道"山外有山，天外有天，能人之后有能人"的道理。要想赢得胜利，需要深藏不露，后发制人。大智若愚，大巧若拙，不要轻易地暴露和表现自己的才能。

真正聪明的人不会自以为是，他们以谦虚好学为荣，常以自己的无知而感到惭愧。丰富和完善自我是他们的不懈追求，即使他们确有才智，也不到处出风头，不刻意地炫耀或展示自己。

第六节　高雅由低俗为起点

秉性过于高洁的人，总是以悲剧结束。

生活中的庸常状态常常才是生活的真正面目。成人也疯狂——看看广场舞就明白了，听听凤凰传奇就知道了。

一切高雅的东西，都是从低俗起步的。优美的诗句从诗人蓬头垢面的苦吟开始，精美的瓷器从肮脏的泥巴开始。高雅只不过是平庸之树上开的花而已。

一个人要想有所成就，就必须有远离应酬的清醒和定力，有摆脱庸俗无聊的大境界。只有远离喧嚣，回归自我，才能远观宇宙之变，近察世相之险，从而严于律己，宽以待人，找到生命真正的意义和价值。

不会拒绝就不会有真正的收获。一个什么都想要的贪婪之辈，到头来只会一无所有。

随着社会的进步，人们越来越崇尚文雅，也越想当一个文雅之人。文雅是一个人的品格、学识、修养等诸多内涵综合的自然外观，绝非外在的形式所能替代的——不管外在的形式多么亮丽，更不是硬生生的矫饰一番便可装出来的。

渊博的学识、高雅的气质、卓越的能力、谦逊的品格所聚合而成的温文尔雅，是数度寒暑一点一滴苦修出来的。硬装文雅，说到底也是"假冒"，难免露出"马脚"，让人笑话。

高雅不是因为条件优越，占有某种资源优势。高雅常常表现为一种冷静，但这种冷静并非是对一切不屑的沉默不语。

高雅的冷静是一种沉稳，是一种豁达，是一种含蓄，是在积极进取的前提下又能正确对待荣辱成败、起落得失的不凡气度与恢弘的雅量。

高雅是一种十分深刻的内在气质，是一首属于心灵的诗。高雅是因为高尚，是由于雅致。

高雅是一种精神财富。物以稀为贵，高雅也是如此。真名士自风流，大英雄真本色。表面看来，高雅是一种外在的言谈举止，其实是需要有很深的内在的涵养作为根基的。

　　女性的高雅绝不仅仅在于青春和美貌，还在于性格和精神，即女性内在的气质美。人的灵魂、精神、言谈举止的美，可以赋予人们无可比拟的魅力。青春美貌随着时光终会消逝，而人的高雅气质却可以与日俱增。

第七节　庸俗裁剪高雅

生活日复一日、年复一年地重复着，缺少新鲜感、浪漫和刺激。

现实中，存在一种不容忽视的现象：一种浅薄为另一种浅薄涂脂抹粉，冒充新闻和时尚招摇撞骗，使世俗、媚俗和庸俗勾肩搭背，称兄道弟，互相吹捧。诗人把最好的东西写在诗里了，给自己剩下的只有低俗和丑恶了。俗并不可怕，可怕的是用俗来剪裁一切高尚、排斥一切高雅，或者使世俗向低俗、恶俗方面发展。

爱因斯坦说："人们所努力追求的庸俗的目标——财产、虚荣、奢侈的生活——我总觉得都是可鄙的。"

心眼儿多的人就会出现虚伪和神经质，他们只能用最卑劣的想法来猜测他人的心理，曲解别人的思想。

炫耀，有时是因为太自大，有时却是因为太自卑。面对一个喜欢炫耀的人，我们无须与之理论，时间自会证明他的实际价值，事实自会惩戒他的可笑无知。他们把自己的洁癖当成别人不讲卫生的证据，用自己的小肚鸡肠断言人家的博大胸怀是收买人心……

许多自以为是的精神教父，其实只不过是以庸俗裁剪高雅，以自己充满了精神病毒的一孔之见作为标准，来评价甚至断言乃至否定他人的真知灼见。"心是个口袋，东西装少点叫心灵，多一点叫心眼，再多一点叫心计，更多叫心机。"

有一些人并不是没有才华，他不能施展才华的原因是太张扬，没有多少人会乐意帮助一个言过其实、夸夸其谈的人。

个性有价。一个天才因模仿另一个天才而成了庸才，这不只是艺术界才有的现象，它存在于社会的各行各业。现在政治、经济、文化领域大师级人物之所以寥若晨星，在这些领域，绝不是天生庸才太多的缘故，而是有太多的天才因模仿而成了庸才。

千万不要丢失自己的个性。纵观古今，凡是成就了一番事业的人，都是坚持自己的个性和特色，敢于从流俗和惯例中出列的人。

第七章　平凡与伟大

第一节　平凡是人生的底色

平凡的点滴能汇成不平凡的丰碑。真正的伟大是平凡的积淀，平凡是最伟大的基石。再伟大，也还生活于俗世，离不开世俗。

平常生活就像散文一样，具有形散而神不散的特征。平凡的人，热情而不做作，忠诚而不虚伪。平凡并不等于平庸——一个地位低下的人，按照世俗社会的定义，无疑是个平凡的人。然而，也许他在思想、文化、艺术上的建树，却构成了一个里程碑式的标志。这样的平凡者，是任何地位显赫思想平庸的大人物所不能比拟的。

世界上的任何人都有他存在的价值和意义。没有芸芸众生，哪能衬托出伟人的伟大？有山峰的地方必然有山谷，就像夜晚的星空，正是由于那些若隐若现的星光衬托出了个别耀眼的明星，不是它们不够闪耀，而是由于离我们太远，它们的亮度被明星的光屏蔽了。

人生是一出戏，每个人都拼尽全力表演给别人看，自己真正的角色早已忘却。人生本来有着太多的无奈和欲说还休的话题。人生本来就是一团谜，有时糊里糊涂反而活得更轻松；人生本来就是一个说不清、道不尽的话题，真正敢于直面现实，勇于选择人生的人是英雄。

思想者能够坦然面对地位的卑微，但却绝不容许自己思想的平庸，他们能够粗茶淡饭、三月不知肉味，但却决不允许自己每天不去思索与感悟人生。

活在世上，应该具有奋斗精神。不甘人下，敢于直面人生和现实并努力拼搏的人，才能踏上成功的顶峰，否则，将像水一样流入低谷，使自己的生命被埋没。

伟人改变环境，能人利用环境，凡人适应环境，庸人不适应环境。那些成功的人并不比正常人聪明多少，而是在与常人相当的智力基础之上更好地处理了自己和条件之间的关系。

人的一生是由一个个曲折、零碎的生活片段组合而成的，美好的事物就是这生活中的一个个亮点。美因其短暂而成为永恒。其实，任何了不得的人物对于浩瀚的宇宙而言都是微不足道的。你我都要逝去，宛如一粒微尘在空中漂浮，百年之后完全被人遗忘。生命实在是太短促，不要总是谈论我们小小的成就。

人性混合着伟大与渺小、善与恶、崇高与卑微……过去的已经过去，我们没法改变它；未来还没到来，我们只能前瞻它，只有现在才是我们真正能把握的。

第二节　伟人与普通人

伟人无一不是特立独行的人，无一不是听从自己内心召唤的人。伟大的人格，都是由无数优秀品质集合而成的。善举从不渺小，再小的善举都会给心灵送去伟大的温暖。

凡人比伟人更能代表一个时代的总能量。

伟人都是由凡人成长起来的，没有人天生就是伟人。但凡人却不易成为伟人。伟人来到人世，似乎是上苍的杰作和特意的安排，是专为完成某一项特殊的使命而来的——然而，伟人也是赤条条地降临人世，第一声啼哭，肯定与寻常婴儿无异。伟人并不等于权势遮天或头上带了多少桂冠，也不是一言九鼎的代名词，否则，历朝历代的王侯将相岂不个个都成了伟人？

检验伟人的标准其实很简单，就是为世界带来了什么，为社会创造了什么，为人民付出了什么，而不是索取和占有了什么，更不是一顶硕大的官帽就能置换的。

从某种意义而言，做一个精神充实的普通人，比做一个被神化或偶像化的伟人要真实得多。信奉真实的"平凡"，因为这其中就可能隐藏着真正的"伟大"！在特定的历史条件下，某些卑微的小人物将苦难嚼碎后析出精神的结晶，将饱蘸了刻骨铭心的痛苦体验和精神折磨，升华出富含思想元素与人生哲理的至理名言，在历史的某个瞬间被永久地定格。无意插柳却构筑了一片思想的绿荫或思维的海洋，成为人类的精神财富被传承下去，从而与后人思想承接传载，并在思想、科学和文化艺术的历史星空中永远闪烁着璀璨的光芒。于是，凡人就成为了伟人。

伟人首先是人，与普通人一样需要吃、喝、拉、撒、睡。

伟人不是完人，更不是"神人"，因此，不要过分相信伟人的"神性"。任何一件伟大的事，如若放在时间的长河去考察，其实都是微不足道的，一切都将被时间覆盖或历史的洪流淹没。

历史会抹去伟人与普通人在世俗生活中的地位差别，给后人留下深刻的启示。

一、追求伟大

伟人就是比常人内涵多、外延大的人，反复遭受打击而不气馁，其承压忍耐力超过常人，屡受挫折却仍旧能立于不败之地，这种人往往是最终的胜利者。

选择一条正确的、适合自己的道路，并不懈地努力追求成功，最终会让一个人变得伟大。

尼采说："聪明的人只要能认识自己，便什么也不会失去。"正确认识自己，才能确定人生的奋斗目标。只有有了正确的人生目标并充满自信地为之奋斗终生，才能此生无憾，即使不成功，自己也会无怨无悔。

在这个世界上，没有跨越不了的坎儿，只有过不去的心坎儿。伟人并不是天生的强者，他们的意识与自我创新力并非与生俱来，而是在后天的努力中逐渐形成的。

行为是思想绽放的花朵，思想造就出个性，一念之间往往决定一生的命运。

情感和理智是一对合作伙伴，如同一切合作伙伴一样，它们之间可能发生冲突。倘若深邃的理智终于能驾驭磅礴的情感，从最激烈的冲突中便能产生最伟大的成就，大天才就这样诞生了。

许多伟人是在贫困、动荡的生活中通过自我磨练成为思想巨人的，但在今天的中国社会，青年人过早追求稳定而不愿接受社会底层工作的磨练则是大多数人一生平庸的重要原因。

所有的伟大思想家都是理想主义者，正是理想主义赋予了他们良好的习惯，为了构建他们内心世界中的美丽天堂，他们以不惜牺牲一切的勇气去实现理想。在这里，追求理想、构建理想大厦的精神动力——每个理想主义者都是先从对现实世界的质疑开始的，而质疑是一种否定，想象则是一种创新。

思想者一样，亚里士多德的思想也有一个逐渐成熟的过程，这表现在他接受导师柏拉图的学说，继而是怀疑，然后是批判，最后则是在批判的基础上建立起自己的思想体系。

对于名人，叔本华总表现出一种桀骜不驯的态度，这与其说是逆反心理作用，倒不如说是自信心和使命感的结果。除了怀疑和勇气以外，自信心的强弱也是思想者创立某种学说的重要因素——一个只知道仰望前辈而对自己缺乏自信的人，又怎么可能建立起超越前辈的思想体系呢？从这个意义上来讲，正是叔本华对前辈人的怀疑和对自己的自信使他最终成为一个卓尔不群的思想家。

终身学习，自由思考，质疑权威，敢于辩论，这就是创新的源泉。

只有具有独立思想的人，才能看清真实的世界，并有所作为，从而发出自己耀眼的光芒。纪伯伦说："在时光舞台上，黑夜演出的人生如一出悲剧，白昼唱出的人生像一首歌曲，最后，永恒则把这人生保存起，似一颗珍珠，璀璨无比。"

二、伟大蕴藏在平凡中

在"保险"与"冒险"的不同选择中，凡人与伟人泾渭分明。鲁迅说，天才可贵，培养天才的泥土更可贵。伟大与平凡之间的差别在于，伟大者能在挫折中坚持自己的理想，将那些创伤化为前进的动力。因为他们坚信，那些伤痕也许正是上苍赐予天使的翅膀，他们也将借此一直飞入云霄，从而走在生命最好的风景里。

在很多时候，伟人和普通人的区别就在于比别人多想一步。多想一步，就会有创意，会有意想不到的发现，就会与众不同。

很多看来不可能发生的事都是极有可能发生的，不相信奇迹的人永远创造不了奇迹。要相信奇迹，同时也要付出努力，因为努力而创造奇迹。那些大有成就的，似乎口才都不太好：史学大师顾颉刚，就是个结巴；哲学大师冯友兰，平日说话略有口吃，讲课也就不难想象了；文学大师朱自清，平时不结巴，一着急就结巴起来。

人的生死福祸谁也代替不了，面对成功必须要跳过自己，这样才能取得下一个成功。面对失败必须要战胜自我，这样才能战而胜它，再去迎接新的挑战。人生就是走在坎坎坷坷的路上，有上起下伏，有左颠右簸。陶醉在成功中，会晕眩会忘形，是跳不过自己的悲剧；颓倒在失败里，就懊丧就自责就后悔，同样是悲剧……

索达吉堪布说："我们愿意接受诸般赞美，却忘了诽谤声也功不可没，它让你的心沉静下来，面对一切宠辱不惊。再丑恶的东西也能转化为正能量，关键在于你的心。"可叹的是，大多数人永远见不到真正的自我、真正的天空、真正的内心需求，最终只会盲目地从众。

一切伟大事物外表的光辉显赫，对于从事精神探讨的人来说，都是毫无意义的，他们追求的是深邃的思想和精神的不朽，他们的伟大，是国王、富豪以及一切所谓的英雄豪杰不可比拟的。

选择智慧，就选择了超人的想象力；选择智慧，就选择了无与伦比的力量。如果人人都把自己的命运维系在别人手中，人生还有何意义呢？只有在那些进退维谷的境遇中以全部生命的力量与命运作抗争的人，才格外难能可贵，才显现出一种真正强悍和超然的英雄本色。

命运掌握在自己手中，遇到困难与其等待观望，不如勇敢地面对。凡人之所以是凡人，可能就是因为遇事喜欢求人。爱迪生说："伟大人物最明显的标志就是坚强的意志，不管环境改变到何种地步，他的初衷与希望仍不会有丝毫的改变，而终于克服障碍以达到预期的目的。"生活是很公平的，吹尽狂沙始见金。人生在世，应该为社会留下点什么，应该考虑如何书写自己灿烂的生命日记。

在历史的长河中，有许多被视为伟大的人，他们崇高的人格、伟大的功绩，使人类牢牢记住了他们的名字。他们深邃的目光、深刻而崇高的思想超越常人，达到众人难以企及的高度。在人类历史中，他们如同夜空中灿烂的群星，闪烁着神圣、耀眼的光芒。

三、伟大的内涵

伟大的事业是需要用一生来坚守的，伟大的心灵是需要用全部身心来呵护的，伟大的人成就的是不朽的事业。阿基米德的社会地位并不显赫，他没有打过仗，当然没有无所谓的战功，但他却是几何学书中的国王。他的贡献滋润了人类的精神。

哲人思想的最大的特点在于超越，他在思想的时候会超越时空，超越很多难以逾越的思想障碍，达到物我两忘的状态，在这种非人非物的状态下思考很多人难以想象的问题。

成就需要汗水的浇灌，是恒心与毅力的回眸，是人生规划的反馈。

不要轻易地使用"伟大"，某些所谓的"伟大"随着时间的推移，早已化为一滩污水或千古罪人。任何时候，真理是权威的评判，在真理面前一律平等。

伟人也不可能具备超越自然的力量，而只能循自然之道，否则就会做出愚蠢之举。从历史上看，这样的例子并不鲜见。

即使你是一个伟人或天才，也要有容人表达与自己思想不同的见解的雅量，不要动辄火冒三丈甚至加以压制和迫害。

只要超过了常识领域、专业领域以及人的本性，任何伟大的天才也会"华丽"转身为白痴，这不仅会给自己带来不利的影响，也会殃及社会和大众。

如果伟人的言行不一致，或者将自己的过失推卸给他人，这样的伟人是经不起时间检验的。其"伟大"也一定会打折扣的，一旦真相大白时，其伟大的神性就会黯然失色。

伟大的天才们有他们的专业领域、他们的显赫、他们的伟大、他们的胜利与光辉，因此不需要与他们毫无关系的任何桂冠或头衔上的伟大。他们不是用眼睛而是用精神才能被人看到的，仅此一点，他们就无愧于伟人的称号。

第三节　坦然面对权威

偶像崇拜是追星族、粉丝的悲哀。不盲目迷信权威，要勇于坚持自己。周国平说："苏格拉底的雕塑手艺能考几级，康德是不是教授，歌德在魏玛公国做多大的官……如今有谁会关心这些！关心这些的人是多么可笑！对于历史上的伟人，你是不会在乎他们的职务和职称的。"那么，对于你自己，你就非在乎不可吗？你不是伟人，但你因此就宁愿有一颗渺小的心吗？

真正有思想的人，决不会在任何权威面前卑躬屈膝。这样的人多了，时代的精神文化水准自然会提高。

权威者不是圣人，权威者也可能有失误，许多失误都因为在他们权威光环的掩饰下而被人们以讹传讹。

敢于挑战权威，敢于怀疑权威，这是一个优秀科技工作者、思想工作者的必备素质，也是一个出类拔萃的人应具备的关键素质。

严谨和诚实是一个科学家必须具备的素质。在生活中，没有绝对的聪明者，也没有绝对的愚蠢者，正所谓"智者千虑必有一失，愚者千虑必有一得"一般，每一个聪明人都难以避免会干蠢事，比如牛顿花大量时间去证明上帝存在。

每一个人都有不愿让人知道的秘密，而这种秘密的坚守其实也是一种信念的守望，有时守住一个秘密就是守住一生的希望和幸福。

生命不息，奋斗不已。不要活在权威的阴影下。如果在权威面前养成屈膝哈腰的习惯，不但只能生活在人家的影子中，而且人家也未必瞧得上你。要走好人生路就要脱离权威的阴影。

有勇气的人不为外界威力所震慑，能担负任何艰巨工作而无所怯。没勇气的人，容易看重既成的局面，往往把既成的局面看成是不可改变的。

无论什么事，你总要看它是可能的，不是不可能的。你只要树立了不畏逆境的坚定信念，那么无论任何艰难险阻，都不能阻挡你前进的步伐。

岁月刻画了人类的伤痕，时间铸就了伟大的灵魂。逻辑和疯狂的古怪结合有可能会引出梦想的火花。

　　未来在每个人自己的手中。社会上的能人奇士比比皆是，并不一定都来自高等学府。我国盛产数不清的官僚和政客，却难以产生伟大的大思想家、大艺术家、大发明家，其中的一个重要原因是与我国数千年的官本位的精神毒瘤是分不开的。

　　每个人的人生都不应打折，别人也无权对你的人生价值选择指手画脚。给自己一个心理支点，面对权威、富豪不自卑、不媚俗，我行我素，特立独行。

第四节　差异创造奇迹

每个人都是独一无二的，尽管构成人体的基本元素相同，但每个人的生命自成一格，绝不与人雷同。要想取得成功，我们首先得了解并接受这个事实，因为这是我们与他人之间的差异。然而，人生价值往往就在差异中得以体现。从某种意义而言，差异就是价值，差异创造奇迹，差异成就人生。

太空、星辰和地上所有的物体，都比不上最"渺小"的精神。因为精神认识这一切，而物体却一无所知。所有的物体合在一起，都不能从其中提炼出一丝一毫的思想来，也无法从中焊接出一根"精神管材"来，因为这是不可能的，它们只属于物质序列。

视野决定建树。创新理论的构建，必须要有自己的独特见解和充分的令人信服的理由，唯有如此，才能证明真理或见解的正确性，才能被大众理解和接受。这样，你成了该真理的一员生力军，这个真理也成了人类思想体系的一支。并且，它不像一般读来的理论，只是浮光掠影而已，它在你的脑海中已根深蒂固，永远不会消逝，其价值非比寻常。

我们要不断地展示自己独一无二的方面，收缩战线，回归心灵，把自己的特点和亮点不断放大，约定今生，沿着目标永远前行，至于结果怎样，由它去吧！

第五节　辉煌人生，自己掌舵

离开了思想或知识的支撑，单纯的财富只是一个跛足的富人，而这样的富人形象就是我们日常生活中司空见惯的——这只是一种病态的消费动物。

一个人最大的心理问题就是忽视自己独有的潜能不去发掘，却一心想成为"另一个人"。你有这样的潜能，实在不应该去模仿他人，更不应该因为自己不像某人就感到忧虑，而是应该积极地发掘自己的潜力。不论是过去或将来，通过模仿别人取得成功也不过是"二手"的成功。即使模仿领袖人物获得了成功，那又如何？你还是你。既然如此，为何不展现真正的自己！

要讲究叠加效应，以缩短初始状态时的胶着期，尽快从思维的混沌中走出来。叔本华说："著作是不会长久被误解的，即使最初可能遭到偏见的笼罩，在长远的时光之流中，终会还其庐山真面目……有时需要好几百年方能形成。"摆脱世俗的偏见后，往往就会获得一种全新的认识，达到一种超凡脱俗的人生境界和认知高度。一个人只有真正知道自己需要什么、知道干什么的时候，才真正开始成熟。一个人一生总得历经几次大喜大悲的时刻，否则人生体验就会逊色。

当你熄灭了"炫耀"，选定了谦逊，就会终身受益。历史上许多哲学家或思想家，时时独处静思，从中获益匪浅，如笛卡儿、蒙田、拜伦等。真正的思想家从不自诩为思想家，然而在灵魂深处、在著作的字里行间，他们特立独行的精神和奇异的思想火花，处处显示着他们灵魂的光芒。他们那种奇特的二律背反和矛盾律，直接挑战形式与逻辑。

办大事要具备凝神定气的忍耐和必要时的全身心投入，但不能妄想一劳永逸。

知道与做到是两码事，某些精神教父却将其当作一回事。所以，他们纸上谈兵式地教育大众时，总是那么底气十足。思想家对生命价值的追求到了忘我的程度，他们以近乎朝圣般的虔诚心态向着心中的信仰和目标一路前行，哪怕道路艰难，一路崎岖坎坷。

第六节　每天升起新的太阳

如果只有阳光而没有阴影，只有快乐而没有痛苦，那就全然不是人生。在人生的清醒时刻，在悲哀及困顿的暗影之下，人们最接近真实的自我。

虽然我们无法改变人生，但我们可以改变人生观；虽然我们无法改变环境，但我们可以改变心境；虽然我们无法调整环境来完全适应自己的生活，但我们可以调整心态来适应一切环境。

必须根除虚伪的幻想，直面无法忍受的现实；以无比的耐力，就算花上一辈子的时间，也要不停地探索下去。在人生事务或事业中，智慧所发生的作用不如品格；头脑不如心情；天才不如由判断力所节制的自制、耐心和规律。

四十岁正是大多数人开始了解自己的时候，真正属于自己的时候。拥有充实目标与目的的人，才能进入有充沛生命力与创造力的境界。一旦失去了上进心，惰性、老化便开始了。牢骚满腹、爱说闲话的人是不会有激情的，只会使自己的生命日益黯淡，甚至完全封闭起来。

现代生活的忙碌紧张，人们愈来愈少有时间让自己深思。只有精神上的自由，才是无上的至宝！契诃夫说："智慧不是从长寿来的，而是从教育和修养来的。"

创新就是挑战，就是向陈腐僵化挑战，是一把刺向平庸的利剑。追求真理，可以抵御外部的欺辱，从而获得内心的安宁。追求视野，让人心胸开朗视野开阔，于是境界有了高低之分，追求的目标越高，才力发展就越快。

第七节　草根思想力

"草根"是网络时代网民的自嘲性称呼，即普通大众。这个"称呼"暗示这一群体受教育的层次低，处于无权无势的弱势地位。

然而，你不能由此断言没有受过高等教育的人就没有文化、没有思想。其实，"草根"中的某些人不乏思想深刻者。

思想力即思想的力量，草根思想力即基层大众的认知与思想能力。草根思想是包含富金的矿砂，只有经过大浪淘沙，才会显露出金子的光辉；草根思想力只有插上理性的翅膀，才能飞得更高更远。

"实践出真知""群众是真正的英雄"，这些经典话语所表达的思想就是：草根具有非凡的思想力。

草根，生活在基层，根植于大地，与万物共呼吸、同命运，所以其思想具有以下特点：

1.旺盛的生命力。草根的生命力源于它植根大地，是大地上的万物中生命力最顽强的物种之一。

2.素朴的质感。草根思想多属感觉层次的沟通，具有素朴的质感。草根思想带有一些野性，这是草根思想的优点，也是其缺点。

3.敏锐的洞察性。草根生在民间，对社会生活有着直接体验，所以看问题犀利、尖锐，其思想具有敏锐的洞察性，判断的大方向往往总是对的。

4.灵活的适应性。草根生活在社会底层，经常要面对各种压力和挑战的生活环境，这练就了草根灵活的适应能力。

5.顽强的耐受性。高手在民间。智慧的源泉无边无际，一些东西表面看来浅俗粗鄙，其实蕴含着人生的哲理，使我们能从中汲取无穷的智慧。

草根思想有一定的局限性。一个人被草根语言感动得眼泪汪汪的时候，往往就是正确的思维被屏蔽的时候，因此，要特别警惕。所以，对"草根思想力"不能无原则地盲目吹捧而陷入"媚俗"的误区。正如郁达夫所说："没有情感的理智，是无光彩的金块，而无理智的情感，是无鞍镫的野马。"必须把握"激情"和"理性"的平衡，做到在理性中不失激情，在激情中不失理性。

变革的时代孕育着草根思想家，变革的时代呼唤草根思想家。虽然思想泡沫浮在表面，风头正劲，但毕竟是昙花一现。我们有理由相信，在波涛下面的沉静之处，不少草根学者正在默默地挖掘跨越时代的精神金矿，喧嚣过后，挤尽泡沫，沉淀精品，构筑经典，草根学者一定会华丽转身为真正的大思想家的。

第八章　回首往事

第一节　底层社会

"你吃了吗？"是国人的一句著名的问候语。这是没有标准答案的，无论回答吃了还是没吃，无疑都是"正确答案"。对于问候者而言都是无所谓的。

年轻时多吃一点苦，年老时会轻松很多。特定的岁月虽然给我们带来了苦难，却也回赠了我们思维的清晰与缜密。

处于底层社会的人，艰难困苦毕竟不同于主流群体，他们有着刻骨铭心的生存体验和人生感悟。

贫穷能教人慷慨。穷人往往更富于同情心，他们能和别人分享少得可怜的东西。

近年来，"弱势群体"一词频频亮相，给人们造成了强烈的"视觉冲击力"。

对于弱势群体，仅有同情是不够的。长远看，精神上的慰藉、思维方式的改变，比具体的行动更有效。

第二节　起哄的年代

在我国，起哄容易，认真难。我们生活在人气非常汹涌的哈哈镜般的国度，我们这里虽然缺乏某些资源与教养，但从不缺热闹。在中国，你永远不会寂寞。王蒙说："向人云亦云与随大流挑战，向得过且过与拾人牙慧挑战，更是对非理性的煽情与起哄、对靠人多势众与大嗓门谩骂来判断真理的拒绝。这样的挑战和拒绝很可能具有风险，很可能一时不为大多数人所接受，很可能给国人自身带来祸患。"

中华民族是一个富于戏剧化的、充满激情的民族，我们曾经天真地以为可以用类似儿童游戏的方法创造古今中外全然没有看到过的天堂与乐园。人常常会有寂寞感，所以人是喜欢起哄的。起哄是人生的一乐，是舒展也是发泄，是潜能的激活也有丑恶的暴露。起哄过程中人们常常会感到起哄者的强大与被起哄者的弱小卑微。起哄的是大众，人少的一方只能被起哄。被起哄者在起哄者面前再无招架还手之可能，被起哄者成为起哄者的祭品，起哄者感到了掌握被起哄者的生杀予夺的权力的快意。

感情用事、瞎起哄、只看皮毛不看实质是多么害人！起哄者很容易成为奴仆，也很容易成为刁民。起哄的结果是对严肃的解构，从而掩盖了残忍；起哄也会使人发狂，恶作剧的心理会战胜常识，人们在起哄的快乐中丧失了爱心和谨慎。

奥修说："没有一个聪明的人会对支配别人有兴趣。他首要的兴趣在于知道他自己，所以聪明才智的最高品质会走向神秘主义，而最平庸的头脑会去追求权力，权力可以是世俗的、政治的，或是金钱的……它也可以是掌握着灵性的控制权，控制着千千万万的人，但是基本的动机就是要如何控制更多的人。"因此，一个内心晦暗的政客做出任何极端的事都是不足为怪的。

经验告诉我们，最好的理想、最好的动机、最大的牺牲，往往得到的不是最好的结果，这就是活生生的残酷的现实。洛克说："脱离了理性的指导，而且不受观察和判断的限制，使自己不能免于选择最坏的或实行最坏的，那并不是自由。"如果那是自由，是真正的自由，则疯子和愚人可以说是世上唯一的自由人。

经济建设需要注意科学与理性，包括细节的每一步都要扎扎实实，绝对不可以太热烈。否则，就会掩盖某些隐患——唯意志论，偏执得不到及时调整乃至改弦更张的机遇，就会带来更大的难题。歧路亡羊，歧路会令羊羔们发疯。热血沸腾难免酝酿荒唐，艰难险阻难免导致拼命与不计后果。

生活的卑贱、困乏、渺小与空洞，生活的空虚与无所事事才是对于生命的侮辱与蹂躏，是最大的犯罪。口欲言而嗫嚅、足欲行而踟蹰，就会弄得十分糟糕。在那些跟风起哄者一个个互慰、互捧乃至集体撒娇的时候，你发出不同的、企图从另一个角度探讨问题的声音，就一定会触犯大忌，成为众矢之的。

某些头脑"灵活"的人，几乎进化成了"人精"，其中的某些"人精"与"人渣"互为背景墙。

愚忠，悲剧性的赞美，跳忠字舞，不过是愚昧的一种表现。但它往往能借此树形象、树道德标杆。

不可与蛮不讲理的人纠缠，更不要把这种事变成趣味、爱好。人的时间有限，精力智慧都有限，把精力都放在搞好关系上了，这成了你事业的最大干扰。一个人的人生价值体现在做出成绩、拿出成果上，有成绩没有好评固然可悲，但有如雷贯耳的名声和显赫的身份，却没有拿得出手的成果或政绩，则连可悲都算不上了，只能称之为可耻与可鄙。

第三节　愚蠢的小聪明

一、小聪明是大愚蠢的浮光

小聪明不可能成就大事业。因为小聪明在任何事情上总是锱铢必较，总是避免吃苦、吃亏，总是避免下苦功夫，他们总是使"巧"劲，耍滑头。然而，正是在这些艰苦的劳作中蕴藏着巨大的成功契机，却被小聪明一次次顺手扔掉了，失去了人缘、机缘和互利互惠的许多机遇。

大智者在现实面前往往处处碰壁，举步维艰，而小聪明处处都表现得很灵活、很光鲜，在世俗社会中往往活得滋润，活得风生水起。他们的聪明才智用在小事情的斤斤计较方面，任何苦事、难事、耗费心智的事，他们总是躲得远远的。

许多精明过人的人，都缺乏大智慧，在鸡毛蒜皮的小事上纠缠不休，争得你死我活，甚至摆出死猪不怕开水烫的架势，稍有一点理智的人都会敬而远之，不屑于和他们争辩。

这种人不是不聪明，而是太聪明，只不过聪明用错了地方，以至于"聪明反被聪明误"。

生活中到处都有忌人有、笑人无的人，真是应了"可怜之人必有可恨之处"那句话了。如果一个人无才无德，虚情假意，自私狭隘，牢骚满腔，刚愎愚蠢，一无所长，其活动越多，出丑也就越多。

"小聪明"特别善于就自己的"小聪明"与大智慧的短处相比，从而获得肤浅"完胜"的满足感。

某些所谓的人才，不过是耍小聪明的"人才"，终究没有什么大出息，随着时光的流逝，一类脚踏实地的"笨人""不灵泛"的人获得了成功；而那些小聪明的人不可避免地沦为庸人，甚至庸俗不堪。

中庸、苟且、小伎俩，家门口玩小聪明，是我们民族的软肋和致命伤。因此，不要仅仅从外表上去装饰自己，而是让精神的骨骼站立起来，才不至于在这个世界摔倒。

二、小聪明丢失的是大智慧

由一大堆具有小聪明的人构成的社会，绝不会是一个聪明智慧的社会，正如一万个万元户的组合也不能置换成一个亿万富翁一样。

假如称颂你的人只是一个平庸的献媚者，那么，你若欣然接受他对你的赞誉，那也就证明了你的智商档次。

小聪明通过嘲笑大智慧获得虚幻的成就感，借以填补失衡的心理。某些小聪明，花了许多斤斤计较的工夫，得到了一些可有可无的成绩——一个可有可无的证书，一个令人生疑的学位。

小聪明可能会让旁人上当，可以使自己摆脱困境，可以到处占点便宜，然而也给自己带来了麻烦。渐渐地就没有人相信他的话了，有道是"出来混总是要还的"，他必将要为自己的小聪明付出机会成本；挖空心思得来的，也在不经意间和盘倒出，甚至会赔了夫人又折兵。"靠牌子吃饭可传代，靠关系吃饭要倒台。"

小聪明往往在大事上糊涂，甚至毫无自知之明。把时间放在蝇营狗苟、鸡毛蒜皮上，斤斤计较毁了很多东西。

当然，某些道理不是小聪明所能明白的——从某种意义而言，深层次的理解，是以时间甚至生命为前提的。与明白人谈话是一种享受，与糊涂人磨牙是一种纠缠，与愚蠢的小聪明共事，你恨不能扇他两个耳光！

国人爱耍小聪明而不注重大智慧。有资料称，2010年我国国民年人均阅读图书只有4.25本，而同期发达国家的人均年阅读量都在10本以上，以色列、丹麦、瑞典等国甚至高达四五十本。

人的差别在业余时间，但许多人多数业余时间耗在吃喝、打麻将等应酬上，那是为了结交关系，向复杂的人际关系借力，而不是向知识、智力、规则、规律和时代发展潮流借力，属于耍小聪明而缺大智慧。

斤斤计较的小聪明，是不适合于从事科学探索和学术研究的，因为谁也无法断言，一项所从事的思想、科技和文化的研究能否成功，能否获益……

小聪明都是一类爱贪小便宜的人，他们大多利令智昏，尤其是占公家便宜时脸不变色心不跳。

如今，社会上到处都充斥着一类"马屎皮面光"的"逞能婆"。某些自诩为聪明的人，特别喜欢逞能，往往敢于对自己并不明白的事甚至一无所知的问题评头论足，最后以出洋相为止。

没有办法，很多人放大嗓门来表现自己，一个盖过一个，聒噪了别人，丑化了自己的形象。每当看到此情此景，使人不由自主想到了那一类"逞能婆"。

凡是习惯于花言巧语哄人，习惯于做事隐藏自己的动机，习惯于玩弄计谋的人，都是现实中的"聪明人"。而相反，凡是老老实实，说话不懂得拐弯，做事不隐藏动机，思考不动用计谋，具有这些习惯的人就是"大傻瓜"。我们可以注意到，中国的"大傻瓜"反倒是值得人们信任的人，而"聪明人"则完全相反，恰恰是不能够给予信任的人。对某些装疯卖傻的"小聪明"，耳光也许是最好的清醒剂，而由于耍"小聪明"而遭受重大损失则是一副最好的解药。

其实，吃亏也是一门学问。吃亏，虽然意味着舍弃与牺牲，但也不失为一种胸怀、品德、风度。世界上没有白占的便宜，爱占便宜者迟早要付出代价。每捞取一份好处，便丢掉一分尊严。

从某种意义上说，乐于吃亏是一种境界，是一种自律和大度，是一种人格上的升华。任何一个有作为的人，都是在不断吃亏中成长起来的，从而变得更加聪慧和睿智。一旦吃亏便愁肠百结、郁郁寡欢，甚至捶胸顿足、一蹶不振，受伤的只能是自己。

人生在世，想得到的东西实在是太多了，这是人的本性。欲望常常使人对"舍"与"得"把握不定，不是不及，便是太过，于是产生了许多本来不应该发生的悲剧。小聪明往往不能快乐，大智慧却能笑口常开。

小聪明用自己的聪明标准衡量大智者，发出了"智者很迂腐、很愚蠢"的嘲笑声，加入这种大合唱的还有看客、庸官、嫉妒者和跟风者，然而大智者从不辩解，他们知道这是没办法的事，因为人生处处有尴尬。

人一生不应该对什么事都斤斤计较，该糊涂时糊涂，该聪明时聪明。做人不要过于"精明"，太精明露骨会令人讨厌。因为人与人情感的沟通和交流是心的交流，如果做人过于精明露骨，就不能在交际方面获得人心。实际中的"精明"容易把应该淳朴、真挚的关系弄复杂，使人感到刁钻奸猾，敬而远之。这样精明的结果，只能以成为孤家寡人而告终。

做人精明露骨，实则是一种小聪明。人和人的正常交往是平等的，如果你举止不讲究，言辞不考究，居高临下，只能孤立自己，招致他人的不屑。做人需要精明，但不要过于精明，甚至精明到露骨的程度。一些平凡的事情，是没有必要费心做高深的研究，以显示自己的"水平"或捞取一顶名不副实的"桂冠"的。

鬼机灵毕竟是小聪明。小手段只能收效于一时，小团体只能鼓噪一阵。只有大道，客观规律之道，历史发展之道，为文为人之道，才能真正解决问题。

大智慧是一种大涵养。选择智慧，就选择了超人的想象力；选择智慧，就选择了无与伦比的力量。

心理学研究表明，人普遍有一种自我优越感，而且一个人的行为、情绪往往与这一优越感有着极大的关联。所以，这是一个可怕的阴暗领域，然而，它又是那么普遍地存在，作为人的劣根性，它像个幽灵，缠着人类不放。

自作聪明，过分相信自己，时常抓住对方的缺点或错误而不留情面地指出。有的人时时显示自己的聪明，迫不及待地希望人家能注意到自己的智慧，不如此，他的优越感就无法得到满足。

自作聪明者令人讨厌。我们不应到处展现聪明，锋芒毕露，这样往往会成为众矢之的。要在人群中形成良好的关系、形象，要使得工作、学习顺顺利利，首先就得放弃小聪明。

自卑或许是所有天才的共同心理。当然这是一种积极进取、永不满足的心理。正是源于这种对自己才能的"不信任"或"不满足"，才成就了某些天才和伟人的事业。也许正是由于这个原因，爱因斯坦才会是世界上最后一个知道自己拥有那么大名声的人。

贪婪是最真实的贫穷，满足是最真实的财富。经受过严寒的人，才知道太阳的温暖；饱尝人生艰辛的人，才懂得生命的可贵。精神富裕才是真正的富裕。小聪明是愚蠢的代名词，拥有大智慧才能真正享受人生。

第四节　圈子运动及二重性

一、圈子运动

我们都活在一个无形的圈子里，自己熟悉的环境，与认识的人相处，有一种安全感，有一份怡然自得的心态。

人的天性就是追求舒适，但如果总呆在舒适圈里，就不会有任何长进，也不会有前进的动力。

朋友圈一旦太过膨胀，风险控制就变得比较困难。你不知道哪朵云彩会下雨，也不知道哪道彩虹会带来雷暴。中国社会，有一个独特的现象，就是成功人士的"抱团"。朋友圈已经成为一种社会结构，围绕着看不见的纽带，官员、商人、明星、掮客组成了一个又一个部落，他们密切互动，彼此分享光环和利益，并不断扩大自己的圈子。

有一帮文人凑成的圈子，每个圈子的中心总有一两个人高谈阔论，他们喜欢在热闹的迷雾中欣赏自己，吹捧自己，抬高自己，在小圈子中接受吹捧，在小圈子里撒娇，作要死要活状……他们特别喜欢聚会、聚餐，并将此等同于成功，终日呼朋唤友。餐桌上，更是议论是非，臧否人物。这些人什么都"能"，就是不能坐下来认真地写文章，不能认真写出上好的文章。这些人，不是真正的文人。真正的文人，是耐得住寂寞的人。

强者给自己找挑战，弱者给自己找舒适。只有当你跨出舒适区以后，你才能接触到以前不知道的东西，增加见识与阅历，才能把自己塑造成一个更优秀的人。

不做那些愚蠢的、无效的、无意义的事。做一点有价值、有意义的事并不难，难的是不做那些不该做的事。不搞无谓的争执，远离庸人自扰的患得患失、咋咋呼呼的装腔作势、只能说服自己的自我论证、小圈子里的叽叽喳喳、连篇累牍的空话虚话……脱离低级趣味，脱离鸡毛蒜皮，脱离蝇营狗苟，把有限的精力时间节省下来，做有意义的事。

各人的处境不同，人与人不可能是完全一致的。有的人认为圈子是战斗力，是生产力。圈子不仅仅是交友平台，更是关系转化为"融资能力"乃至"生产力"的平台……

无论在生活中，还是职场上，如果先是韬光养晦地把自己的绝活修炼得足够有杀伤力，那么关键时刻一出手，就会给人留下深刻的印象，反而更利于展示自己，也更容易走向成功。

另起炉灶，跳出圈子。圈子就是模子——意味着界限、制约、规矩、分寸，不可能由着自己的性子来，跨越那看不见却实际存在的模子，你过线了就得付出代价。周而复始，忙忙碌碌，围着圈子转，就会丢失自己的真性情。

叔本华说："社交聚会一旦变得人多势众，平庸就会把持统治的地位。具有深度的交谈和充满思想的话语只能属于思想丰富的人所组成的聚会。在泛泛和平庸的社交聚会中，人们对充满思想见识的谈话绝对深恶痛绝。所以，在这种社交场合要取悦他人，就绝对有必要把自己变得平庸和狭窄。"

一个人的真实价值，只有去掉包装，展示内核，才能真正判断；那些附着在身上的花里胡哨的东西、种种名不副实的头衔，除了遮人耳目外，于自身的真实价值是没有丝毫助益的。

二、圈子效应的二重性

有人说，圈子是金钱、是财富，圈子是灵感、是进步的台阶。"圈子"是另一个层面的生产力，在这里，很容易得到合作伙伴、朋友、引路人。有的人读 EMBA 也不是为了学历，而是为了进入上层圈子。门槛越高，"圈子"的资源越多。

圈子是机遇，是订单。但如果一直固守舒适的圈子，不冒点儿险的话，那还有什么意义呢？圈子并不重要，关键是突破自己。

所谓圈子、资源，都只是衍生品，最重要的还是知识和能量的积累。只有自己修炼好了，才会遇到更多的"贵人"。你只有奋斗到了那个层次，才会有相应的圈子。而如果自身层次不够，你即使到了那个圈子，也只能是一个可怜虫。

找一个层次相同的朋友并不容易，所以大部分人都是寂寞的。找一个层次相同的伴侣，那就更困难了。

不同圈子的人，因为生活方式不同，对生活意义的理解不同，相互之间自然有强烈的排斥感。人们不仅排斥陌生的圈子，也排斥陌生的人。犹太经典《塔木德》中有一句话："和狼生活在一起，你只能学会嗥叫。"和那些优秀的人接触，你就会受到良好的影响，从而耳濡目染，潜移默化，成为一个优秀的人。

小圈子是创新能力的温柔杀手，使开拓创新活力逐渐窒息，恰如温水煮青蛙——至死都不动弹。

一切真正有能力的作家归根结底是靠其自身的实力说话的——那种靠"圈子"里几个人相互吹捧，由"畅销书排行榜"的名次造成的一时的喧嚣，终不会持久。

艺术家都是单独的个人，连两个艺术家都不可能结成联盟，更不用说许许多多的艺术家了。

有的靠几篇散文成名，便自以为可以傲视一切，有了评价一切的权利。在各种名利场频频亮相，今天讨论文化，明天充当评委，后天又赴某地传经布道——不管懂还是不懂都底气十足地指点。不论肥皂泡的色彩多么炫目，但肥皂泡终究是要破裂的。

第五节　鼓掌爱好者

热衷于鼓掌的人，大多平庸无奇，脑袋空空如也。许多人为什么对自己根本不理解的事情鼓掌呢？这大约是一种爱好。

现实中，许多跟风者总是为自己不理解甚至不赞成的事鼓掌。

一个人一旦丧失了个性，他也就成为了没有特色的芸芸众生中的一员，成了被阉割"自由"的人。这种人最大的特色就是没有特色。

生命里不卑不亢、不高傲，享受本心的努力和丰盈，如花开花落，如云卷云舒一般坦然。马云有一句话说得好："如果你毕业自名牌学校，你就用欣赏的眼光看看别人；如果你毕业于像我们这样的三四流学校，就用欣赏的眼光看看自己。"

生命就像一场马拉松，你的竞争者就只有自己。一花一世界，一叶一菩提，只要善于体悟，即便是简单的事情中也包含着非常深刻的人生哲理。

哈佛大学有一个著名的理论："人的差别在于业余时间，一个人的命运取决于晚上 8 点到 10 点之间。"每晚抽出两小时用来储备知识和为未来积累经验，日积月累，你的未来就可能比别人更精彩。

记者不应向权贵抛媚眼，对权力举手投降，媒体的报道是每一个普通公民了解国家政治生活的重要渠道。如果一个人没有或不能坚守自己的价值判断，却热衷或满足于成为"鼓掌工作者"，那么，哪怕他是什么高官政要、院士、博导、乡村野老，那绝不是什么值得自豪的荣誉，而是一种精神的自残行为，更是一种终生的耻辱。